Hair Science
모발과학

강영숙 | 김수진 | 나명석 | 이재호 | 황종호 공저

정문각

머리말

모발은 인체를 보호하는 기능 이외에도 헤어스타일의 변화로 아름다움을 표현하는 수단으로 사용하고 있는데, 모발을 취급하기 위해선 모발에 대한 기초지식을 바탕으로 이루어져야 한다.

이제까지 헤어 분야는 주로 모발과 관련된 이론에 대한 연구가 많이 이루어져 왔으며, 이러한 연구를 위해선 기초지식이 매우 중요하다.

이 책에서는 모발에 관한 기초지식과 실무에서의 이루어지는 시술과정에 필요한 기본 이론을 중심으로 기술하였다. 주요 내용은 모발의 기본구조, 모발의 생리적 · 화학적 · 물리적 특성과 헤어스타일을 변화하기 위한 퍼머넌트 웨이브, 염색과 탈색과정 및 모발의 손상과 대책, 모발에 사용되는 제품 등으로 구성되어 있다.

미용에 대해 수업하는 학생들에게 모발에 관한 기초지식 습득에 많은 도움이 되기를 바라는 마음에서 최선의 노력을 하였으며 더욱 쉽게 접근하기 위한 내용으로 구성하고자 힘썼습니다.

이 책을 발간하기 위해 도와주신 모든 분들과 정문각 사장님 및 편집부 여러분들에게 감사의 말을 전합니다.

2012년 1월
저자 씀

차 례

제 **1** 장

모발의 개요

1 모발의 기능

인간은 태고적부터 여러 가지 기능을 가진 털이 몸 전체에 덮여 있었지만 진화하면서 퇴화되었다.

모발은 피부의 부속기관으로 피부 조직의 표피 중에서 발생하여 손바닥, 발바닥, 입술, 유두, 음부 등을 제외한 인체의 모든 부위에 산재되어 있는 털을 말하는데 주로 머리, 생식기 및 겨드랑이 주변에 많이 있으며, 굵고 긴 것 등으로 존재한다. 그 외의 신체 전반에 분포되어 솜털 형태로 존재하고 있는 것과 코털, 눈썹, 속눈썹, 귓속털과 같이 짧지만 굵은 형태로 존재하는 것이 있다. 이와 같이 모발은 여러 형태로 존재하며 그 역할은 신체를 보호하는 기본적인 기능과 아름다움을 표현하는 수단으로 사용되고 있다.

1) 보호기능

① 외부의 물리적 충격으로부터 완충작용을 한다.
② 햇빛, 특히 자외선으로부터 보호한다.
③ 추위와 뜨거운 태양광 등의 더위로부터 두피를 보호한다.
④ 땀이나 먼지, 벌레 등 외부의 물질로부터 침입을 방지한다.
⑤ 겨드랑이와 같이 신체의 마찰부위에 마찰을 감소한다.
⑥ 인체에 축적된 수은, 비소, 아연 등의 중금속 물질을 체외로 배출한다.

2) 장식기능

고대에는 모발이 신체를 보호하는 기본적인 기능 이외에도 장식 형태로 신분이나 성별 또는 종족을 표시하는 데 사용하거나 여성의 긴 머리 자체가 아름다움의 상징이기도 하였다. 현대에는 자신의 개성을 나타내는 것이 중요시됨에 따라 모발도 패션의 수단이 되어 헤어스타일링과 헤어컬러링, 퍼머넌트 웨이브 등으로 자신의 아름다움을 나타내는 장식기능이 되었다.

2 모발의 발생

인간의 생명은 정자와 난자에 의해 수정된 수정란은 세포분열을 하기 시작하여 10~11일째부터는 외배엽, 내배엽, 중배엽으로 배엽을 형성한다. 분열에 의해 분화하여 인체의 여러 기관을 형성하는데 이 중 모발은 외배엽에 속한 피부의 표피에서 유래된 것으로 수정 후 6~7주가 되면 표피 안쪽의 배아층, 중간층, 주피의 3층으로 분화된다.

모는 태생기에 표피의 함몰로 배아층 세포가 촘촘한 집합체를 이루어지는 형태를 형성하기 시작하여 세포분열이 활발히 일어나 모낭이 형성되면서 시작된다.

모낭은 전모아기, 모아기, 모항기, 모구성 모항기, 완성 모낭을 거쳐 형성되며 모는 배엽의 형성 중 외배엽에서 기원되었다.

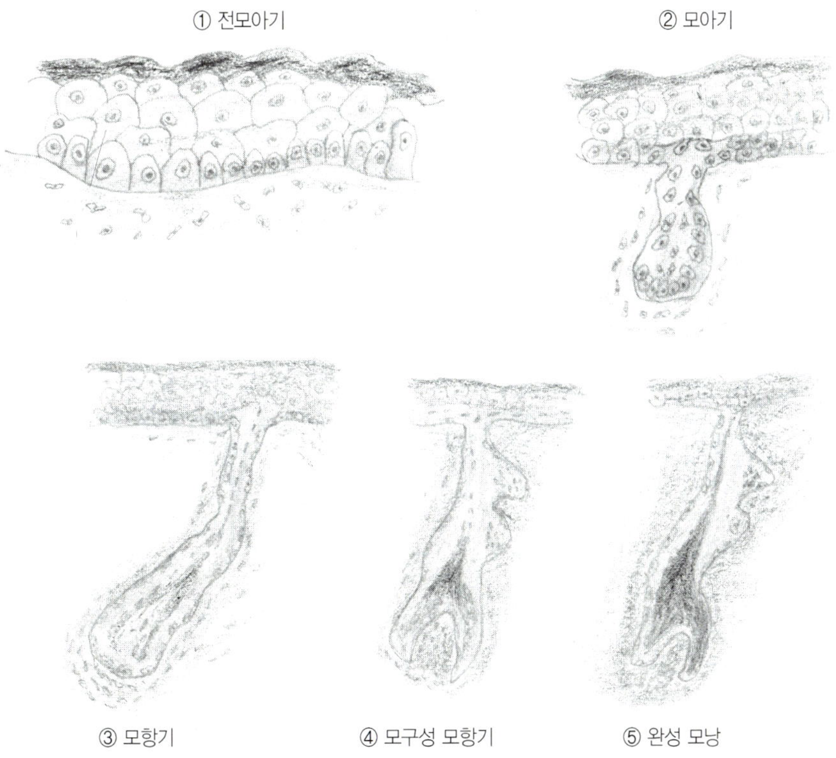

그림 1-1 모낭의 형성과정

(1) 전모아기

- 모아의 형성 개시 단계
- 배아층 세포와 주피의 2층으로 구성
- 빠른 속도로 모아기로 이행

(2) 모아기

- 배아층이 진피층에서 침입한 단계로 발달
- 발달된 중간층 세포가 배아층 세포 속으로 집입

(3) 모항기

- 유두가 될 간엽성 세포 집단이 형성된 단계
- 진피내 침입으로 기둥의 형태 형성

(4) 모구성 모항기

- 모구가 형성된 단계
- 모낭 기둥 후면은 두 개의 세포 집단이 부풀어 있는 상부는 피지선의 근원이 되고 하부는 팽윤부로 후에 입모근이 됨
- 기둥 끝이 약간 둥글어지고 가운데 부분은 요철 생김(요철 속에 있는 간엽성 세포 집단은 모유두가 됨)

3 모발의 형상

모발의 형상은 발생시기, 발생부위에 따라 굵기와 길이, 모양이 달라지게 되며 인종별로도 각기 다른 형상을 하고 있다. 따라서 모발의 형상을 발생부위별, 인종별에 따라 형상을 살펴보고자 한다.

1) 굵기와 길이에 따른 형상

모발의 굵기에 따른 형상으로 취모와 연모, 경모로 나눈다.

(1) 취모

일명 배냇머리로 불리며 모태에서 4~5개월경 거의 전신에 발모되는 것을

말하는데 보통 굵기 0.02㎜로 모발 중 가장 가늘고 연한 것이며 태아 후기 8개월쯤에 연모화된다.

태모의 경우는 눈 안면에서 먼저 볼 수 있고 모든 유아는 탄생될 때 이것이 다시 빠졌다가 새로운 연모로 바뀐다.

(2) 연모(vellus hair)

배냇머리와 같이 가늘면서 길이가 짧은 털을 말하는 것으로 모수질이 없고 부드러우며 멜라닌 색소가 적어서 갈색을 띠고 있다.

태아 8개월 이후부터 형성된 연모는 생후 5~6개월 정도에 경모로 바뀐다.

연모는 0.07㎜ 이하로 모든 연모가 사춘기가 되면 경모로 성장하며 탈모가 진행되는 과정의 모발에서도 경모가 연모화되는 현상이 일어난다.

(3) 경모(terminal hair)

0.15~0.20㎜ 정도로 모발이 굵으면서 털이 긴 것으로 단단한 단백질이 결합된 상태이며, 사춘기 이후 모든 모발은 연모에서는 경모로 성장하여 다량 모발이 많은 시기에 들어간다. 머리카락, 수염, 겨드랑이 털, 음모 등과 같이 1㎝ 이상의 길이인 장모와 눈썹, 코털, 귀털과 같이 1㎝ 이하인 단모로 구분된다.

경모로 성장된 모발은 모주기(hair cycle)를 되돌이 하다가 나이가 들어감에 따라 연모로 되돌아가는 현상을 보인다.

2) 단면 형상에 따른 구분

모발의 단면 형상은 인종이나 개인에 따라 다르며 형상에 직모(straight hair)와 파상모(wavy hair : 반곱슬모), 축모(curly hair : 곱슬모)로 구분된다. 모발이 직모일지라도 음모는 곱슬인 것처럼 모발은 발생부위에 따라서도 다르다.

(1) 직모

일반적으로 굵으며 모발을 횡으로 잘랐을 때의 단면은 원형에 가깝다. 웨이브가 없으며 황인종에게 많이 볼 수 있는 모발로, 동양인의 모발은 약 92~95%가 직모이며 나머지 5~8%는 반곱슬모이다.

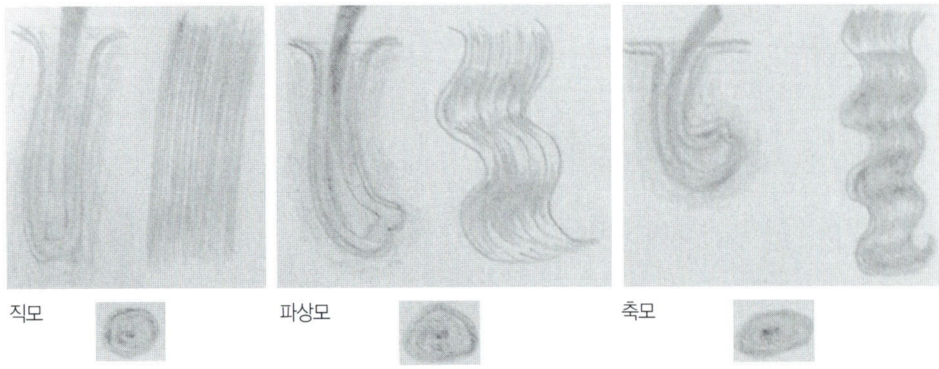

그림 1-2 모발의 형상

(2) 파상모

직모와 축모의 중간 형태인 웨이브가 있는 모발의 단면은 타원형에 가깝고 백인종에서 많이 볼 수 있으며 서양인에게 많고 모발의 색상은 흑색에서 금발에 이르기까지 다양하다.

(3) 축모

흔히 매우 강한 곱슬머리이며 횡단면의 모양은 편평한 형태로 웨이브가 강한 곱슬머리 형태로 흑인에게서 많이 볼 수 있다.

모경지수

모발의 단면을 단경(최소직경)과 장경(최대직경)으로 나눈 값으로 이 모경지수가 1이면 완전한 원형이며, 이 수치가 작을수록 타원형에서 편평한 형태를 유지하게 된다. 따라서 직모는 원형에 가까운 형태를 나타내며, 파상모는 타원형, 축모는 편평한 형태를 취한다.

참고적으로 동양인은 0.75~0.85 정도로 원형에 가깝고, 흑인의 경우 0.5~0.6으로 편평한 편이다.

$$\text{모경지수} = \frac{\text{모발의 최소직경}}{\text{모발의 최대직경}}$$

4 피부의 구조

모발은 분류상 피부의 부속기관에 속하며, 피부 표면에 부착되어 있으므로 피부의 구조를 이해하여야 한다. 신체의 표면을 싸고 있는 성인 피부의 면적은 평균적으로 1.6~1.8㎡ 정도이며 중량은 체중의 16%를 차지하고 피부의 두께는 개인이나 신체의 부위에 따라 약간의 차이가 있다. 피부의 구조는 크게 표피, 진피, 피하조직의 3층으로 나누어진다. 특수구조화된 상피, 즉 표피(epidermis)와 중배엽에서 유래된 치밀결합조직, 즉 진피(dermis or corium) 그리고 진피 밑의 성긴결합조직으로 이루어진 피부밑조직(hypodermis or subcutaneous tissue) 또는 얕은근막(superficial fascia)으로 구분된다.

1) 표피(epidermis)

표피는 주로 각질형성세포(keratinocyte)로 이루어져 있으며 그 외에 색소형성세포(melanocyte), 랑게르한스세포(Langerhans cell) 및 메켈세포(Merkel cell)가 존재한다. 표피는 가장 바깥쪽에 있는 얇은 층으로 무핵층인 각질층, 투명층, 과립층과 유핵층인 유극층, 기저층의 5개의 층으로 구성되어 있다. 기저층에서 각질층으로 이행하는 데 걸리는 시간이 약 12~14일이

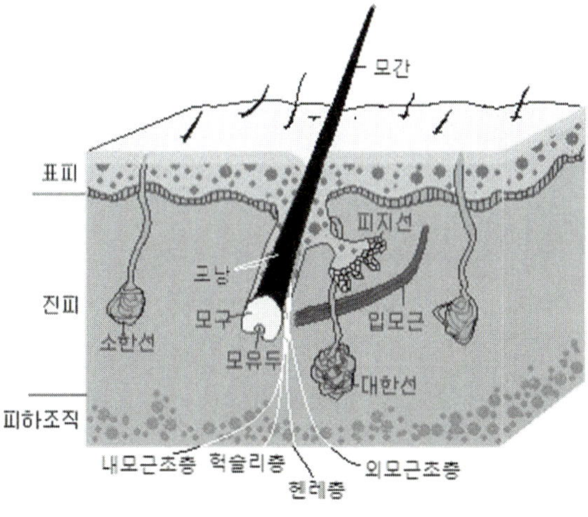

그림 1-3 피부의 구조

소요되며 각질층에서 떨어져 나가는 데 평균 28일 정도 걸린다. 표피의 주요 기능은 외부의 자극으로부터 내부를 보호하는 역할을 한다.

(1) 각질층(stratum corneum, horny layer)

표피의 가장 바깥에 위치해 있으며 편평상피세포가 중첩으로 되어 있는 매우 얇은 조직으로서 핵이 없어 생명력이 없는 죽은 세포인 무핵의 각질세포가 라멜라구조를 형성하고 있어 수분의 손실을 막아 준다. 각질층을 형성하는 세포의 주성분은 케라틴(keratin)이라는 단백질과 세포간지질, 천연보습인자, 수분으로 구성되어 있다. 각질층은 외부의 자극으로부터 피부 내부를 보호하며, 화학약품이나 열, 한냉에 저항력이 강한 편이다. 각질층은 천연보호막, 피부보호막 또는 피지막이라 불리며 이 막의 pH가 약산성(pH 4.5~6.5)일 때, 피부외부의 자극과 세균 등의 침입으로부터 보호하는 능력이 가장 크다. 각질층은 각질형성세포가 분열되어 만들어진 최후의 세포층으로 비늘처럼 얇은 조각이 겹쳐진 것 같은 형태로 각질세포는 표면에 가까워질수록 세포 간에 간격이 생겨서 얇은 조각으로 떨어져 나가게 된다. 부위에 따라 각질층의 수는 다르며 발바닥은 수백 층에 이른다.

각질층의 수분 함유량은 10~15%이며 수분 함유량이 10% 이하가 되면 피부는 거칠고 건조하게 된다.

(2) 투명층(stratum lucidum, clear layer)

투명층은 생명력이 없는 상태의 무색, 무핵세포로 각질층 바로 밑에 있고 2~3층의 작은 투명한 세포로 구성되어 있다. 손바닥과 발바닥에 주로 존재하며, 세포질은 엘라이딘(elaidin)이라는 반유동체 물질이 함유되어 있어 밝고 투명하게 보이며 엘라스틴의 유리과립을 함유하고 있는데 이것은 외부로부터 수분이 침투되는 것을 방지하는 역할을 한다. 이 층에서 볼 수 있는 유리과립은 과립층에서와 같이 당김섬유에 둘러싸여 있는 모양이 불규칙하며 표면에 대하여 평행으로 배열되어 있다.

(3) 과립층(stratum granulosum, granular layer)

과립층은 유극세포에서 이행되어 온 과립세포로 구성되어 있는 세포군으로 보통 2~3층으로 구성되어 있다. 과립층은 세포질 내에 케라토히알린 과립(keratohyalin granules)이 함유되어 있어 외부로부터의 이물질 통과와 피부 내부로부터 수분 증발을 저지하는 방어막 역할로 피부염이나 피부 건조를 방지하는 중요한 역할을 한다.

(4) 유극층(가시층; stratum spinosum, spinous cell layer)

유극층은 표피 가운데서 가장 두꺼운 층으로, 이 세포는 6~8개의 여러 층으로 되어 있고 세포 모양은 불규칙한 다각형이며 세포와 세포 사이는 약간씩 떨어져 있다.

피부의 면역을 담당하는 랑게르한스세포가 존재하며 세포 표면으로부터는 세포에서 짧은 가시 모양의 돌기가 나와 세포 사이에 다리, 즉 세포 사이에 다리를 형성하여 세포들 사이를 통해 노폐물 배출 등의 물질교환이 이루어지게 한다. 이러한 모양 때문에 이 층을 가시층이라고 하며 가시층 세포를 흔히 가시세포(유극세포)라고도 한다. 가시세포 사이에는 림프관이 순환하며 피부에 혈액순환과 영양공급에 관여하고 있어 피부미용과 관계가 깊다.

(5) 기저층(바닥층; stratum basale, basal cell layer)

기저층은 재생층이라고 하며 표피의 가장 아래층을 구성하고 있다. 진피와 접하여 물결 모양을 이루고 있으며 기저층의 세포 내에는 케라틴을 만드는 각질형성세포와 색소형성세포가 있다. 각질형성세포의 주요 기능은 새로운 세포를 형성하는 것으로 피부의 상처가 날 경우 재생하는 역할을 하므로 기저층에 손상을 입으면 흉터로 남게 된다. 기저층에 있는 또 다른 세포인 색소형성세포(melanocyte)는 피부 색상을 결정짓는 멜라닌 색소를 형성하는 세포이다.

2) 진피(dermis)

표피와 피하조직의 중간에 위치하며 피부의 주체를 이루는 층으로서 진피는 표피 두께의 약 15~40배 정도 되는 두꺼운 층으로 표피 바로 밑에 있다. 진피층은 구조상 유두층과 망상층으로 나눌 수 있는데 표피층처럼 구분이 확실하지는 않다. 진피층은 결합섬유(교원섬유; collagen fiber)와 탄력섬유(elastic fiber)로 구성되어 있어 피부를 지탱해 주는 대들보 역할을 한다. 혈관이나 림프관, 신경, 땀샘(한선), 피지선 등을 포함하고 있다. 결합섬유는 진피의 주성분으로 약 90% 이상을 차지하고 있고 탄력섬유는 약 2% 정도를 차지하고 있는데 이 두 섬유는 상호 긴밀하게 관련되어 있다.

결합섬유는 기계적인 외부의 힘이나 화학적 자극에 대해 강한 저항력을 가지고 있어 각질층과 함께 신체 내부를 보호하는 역할을 하지만 노화됨에 따라 늘어지고 기능이 저하된다.

(1) 유두층(papillary layer)

전체 진피의 10~20%를 차지하며 표피돌기 사이에서 피부의 표면을 향해 융기되어 있는 부분으로, 섬유가 드물고 사이사이에 수분이 많이 함유되어 있다. 유두층의 수분은 미용상 피부의 팽창도 및 탄력도와 관계가 있다.

(2) 망상층(그물층; reticular layer)

진피층의 대부분을 차지하는 층으로 진피층 중 가장 두꺼운 부분인 망상층은 길고 가는 그물 모양을 하고 있다. 망상층은 결합섬유와 탄력섬유가 매우 조밀하게 구성되어 있는데 대부분이 결합섬유이다.

대부분 단백질인 콜라겐과 엘라스틴으로 피부의 탄력성을 유지해 준다. 탄력을 유지해 주는 콜라겐의 함유량은 20세 때부터 1%씩 감소되며 이는 물과의 결합력을 축소시켜 주름이 생성된다는 것을 의미한다.

3) 피하조직(hypodermics, subcutaneous tissue)

진피와 근육, 골격 사이에 있는 부분으로, 진피에서 내려온 섬유가 엉성하게 결합되어 형성된 망사 조직이며 그 사이에 벌집 모양으로 많은 수의 지방세포들이 자리 잡고 있다. 이 조직은 피부의 기계적 유동성과 깊은 관계가 있으며, 피하조직의 두께는 부위에 따라 다르고 성별, 연령에 따라서도 차이가 심하다.

피하조직은 지방세포들이 피하지방을 생성하는데, 여성호르몬과 관계가 깊어 여성의 신체 선에 부드러움을 주며 열에 부도체이기 때문에 체내의 열이 외부 온도에 좌우되지 않도록 하고 수분을 조절하는 기능과 함께 탄력성을 유지하여 충격을 흡수하며 몸을 보호하고, 영양 저장소의 기능도 있다.

5 피부의 기능

피부는 외부의 유해물질(자외선, 세균, 곰팡이, 화학물질 등)에 대한 장벽으로서 및 수분과 열의 손실을 방지하는 생체 유지에 필수적인 기능을 가지고 있다. 또한 피부를 통한 흡수기능, 면역기능, 감각기능 등이 있으며 기본적으로 사람의 겉 모양을 완성해 주는 미용적 기능도 무시할 수 없는 것이다. 이러한 피부의 기능은 피부만이 독립된 것이 아니고 항상 신체 내부의 기능과 관련되어 있으므로 이를 충분히 파악한 다음 피부 손질을 하는 것이 중요하다.

1) 보호기능

진피의 탄력성과 피하조직의 완충작용으로 외부로부터 압력을 막아 주고, 화학적 자극으로 pH가 일시적으로 균형을 잃더라도 다시 돌아오는 힘이 있으며, 약산성의 피부막은 미생물의 번식을 막고 또한 면역체를 만드는 특수한 성질이 있다.

2) 체온조절

일정한 체온은 인체의 기능 수행에 절대적인 조건이다. 따라서 체내의 신진대사 결과로 오는 온도 변화 또는 외부 온도의 변화로부터 신체 내부가 영향을 받지 않도록 항상 조절하고 있다.

3) 감각기능

피부는 일반 감각기관의 말단 수용기를 간직하고 있는데 1㎠ 면적의 피부에 촉각점, 온각점, 냉각점, 통각점이 존재한다. 외부로부터의 자극은 이 신경에 의해 촉각, 온각, 냉각, 통각 등이 되어 느껴지는 것이다.

4) 분비와 배설

체내에 들어온 이물질이나 체내의 신진대사에 따른 노폐물이 배출되는데 피부도 원활한 배출작용으로 각질 및 노폐물들이 피지와 섞여 배출되어 건강한 상태를 유지하게 된다.

5) 호흡

피부 조직 내에서 당류를 연소(산화)하여 이산화탄소와 물로 분해시키는 반응과 함께 외기와 호흡도 한다. 물속에서 특히 숨이 차는 것을 느끼게 되는데 이는 피부가 숨을 쉬기 때문이다.

6) 흡수

피부는 단지 외부로부터 이물질의 침입을 막고 있는 것뿐만 아니라 호흡하고 외부 물질을 생체 내로 투과하기도 한다. 지방에 잘 녹는 물질들은 피부에서 흡수가 잘 되고 각질층이 얇은 얼굴과 성기부는 흡수가 아주 잘 된다. 그러므로 이런 부위에는 약한 연고 또는 저자극성의 화장품을 사용하여 자극을 최소화하는 데 주력해야 하며, 두피에 자극성의 제품을 사용하면 과다한 피지 분비로 모공을 막아 염증을 일으켜 탈모의 원인이 되기도 한다.

7) 영양소 저장

피부는 대사에 필요한 에너지원인 지방을 피하에 간직하는 창고 역할을 한다. 즉, 피부는 지방분이 과잉 상태일 때는 여분의 영양물질을 피부 및 지방으로 저장하고 있으며 소모가 많아지면 방출한다. 표피나 진피는 수분을 함유하여 피부의 외관을 건강하고 윤택하게 보이게 한다.

8) 비타민 D 형성 작용

일상 자외선은 피부 안에서 비타민 D를 합성하도록 해 준다.

9) 기타

표정(expression) : 안면에 있는 여러 표정근은 감정과 정신상태를 표정으로 나타낸다.

연습문제

1. 모발의 기능에 대하여 설명하시오.

2. 모낭의 형성과정을 순서대로 기록하시오.

3. 배아층이 진피층에서 진입하는 단계이며 발달된 중간층 세포가 배아층 세포 속으로 진입하는 단계는?

4. 모낭이 발생하는 시기는?

5. 모발의 형태 중 매우 강한 곱슬머리이며 횡단면의 모양이 납작하거나 다양한 모양의 부정형인 모발은?

6. 세포분열이 일어나지 않고 표피의 각질화가 시작되는 층으로 외부로부터 이물질 및 수분의 침투에 대한 방어역할을 하고 피부 내의 수분 증발을 막는 층은?

7. 피부의 작용을 기록하시오.

8. 표피와 진피의 경계 부분에 존재하며 모세혈관이 풍부하게 분포되어 있는 층으로, 혈관분포가 없는 표피에 영양소와 산소를 이동시키는 역할을 하는 것은?

① 콜라겐 ② 엘라스틴 ③ 망상층 ④ 유두층

9. 결합조직 중 교원섬유를 이루고 있는 물질은?

① 지질 ② 엘라스틴 ③ 콜라겐 ④ 단백질

10. 모낭이 자리하고 있고 피부의 탄력성과 영양공급과 관련이 있는 세포는?

① 표피층 ② 진피층 ③ 기저층 ④ 피하조직

11. 다음 진피층에 대한 설명으로 옳지 않은 것은?

① 각질세포 사이에 멜라닌세포와 랑게르한스세포가 있다.
② 표피 밑의 가장 두꺼운 층으로 피부의 90% 이상을 차지한다.
③ 유두층과 망상층의 2개 층으로 구별되나 경계가 뚜렷하진 않다.
④ 모발의 근원인 모낭이 발생하여 성장하는 곳이다.

12. 모발의 기능이 아닌 것은?

① 외부의 자극으로부터 보호기능
② 감각기능
③ 중금속 저장기능
④ 미에 대한 다양한 욕구를 충족시켜 주는 기능

13. 모발은 세포분열 과정 중 어디에서 만들어지는가?

① 외배엽 ② 중배엽 ③ 내배엽 ④ 수정란

14. 다음 중 동양인의 모경지수에 해당되는 것은?

① 0.15~0.25 ② 0.35~0.45 ③ 0.75~0.85 ④ 1.15~1.25

15. 진피의 결합섬유 사이를 채우고 있으면서 자기 몸무게의 수백 배에 해당하는 다량의 수분을 보유할 수 있는 물질은?

① 결합섬유 ② 기질 ③ 엘라스틴 ④ 콜라겐

16. 신체부위 중 제일 먼저 모낭이 발생되는 곳은?

① 머리 ② 팔 ③ 가슴 ④ 다리

17. 다음 중 멜라닌세포가 존재하는 층은?

① 유극층 ② 과립층 ③ 기저층 ④ 투명층

제 2 장

모발의 구조적 특성

모발은 표피 아랫부분의 피부 속에 위치하여 모발이 성장하기 시작하는 모낭을 중심으로 한 모근부와 모발이 표피 위로 나오면서 서서히 각화된 세포로 형성된 모간부로 나눌 수 있다.

1 모근부의 구조

1) 모낭(follicles)

모낭은 작고 긴 관 모양으로 피부 안쪽으로 들어가 모근부를 싸고 있는 주머니 모양의 내 · 외층 피막으로 대략 10만 개 정도이며, 처음에는 부드러운 연모이지만 성숙하게 되면 딱딱한 경모가 된다.

2) 모구(bulb)

모구는 모근의 가장 아랫부분에 있는데, 둥글고 연한 색을 띠고 있으며 모구의 아랫부분에 모유두가 존재한다.

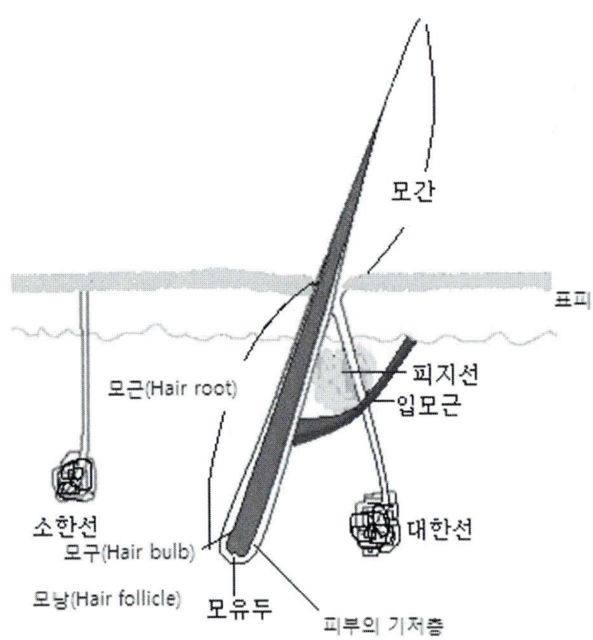

그림 2-1 모근부의 구조

3) 모유두(papilla)

모구의 아랫부분에 위치하고 있는 모유두는 어머니의 젖꼭지 모양을 하고 있으며 한 줄로 된 모기질이 감싸고 있다. 모세혈관과 신경이 연결되어 있고 모세혈관으로부터 아미노산, 무기질, 비타민 등 모발의 성장에 필요한 영양분과 산소를 공급받아 모발의 성장에 관여하며, 멜라닌 색소가 존재한다.

4) 모모세포(hair mother cell)

모모세포는 모유두와 접해 있는 부분으로 모유두를 덮고 있으며, 모유두로부터 영양소를 공급받아 왕성한 세포분열을 통해 모발을 성장하게 하며, 여기서 모표피, 모피질, 모수질로 구분되어 성장한다.

5) 피지선(sebaceous gland)

모낭벽에 붙어 있으며, 피지를 분비하여 모발을 매끄럽고 윤기있게 하고 모발을 보호한다. 피지선에서 피지 분비가 심할 경우 지성두피가 되어 탈모의 원인이 된다. 남성호르몬, 항체호르몬, 식생활, 계절, 환경, 연령, 온도에 따라 분비량이 달라진다. 얼굴, 두피, 가슴 등에 발달되어 있으며 손바닥, 발바닥은 피지선이 발달되어 있지 않다. 피지의 작용은 살균, 소독, 보습, 중화, 윤기와 비타민 D 형성의 역할이며 하루에 1~2g 정도 분비된다. 입술과 같은 얇은 점막에는 모낭이 없기 때문에 피지선이 직접 피부 표면으로 연결되어 모낭과 무관하게 존재하는 피지선을 독립피지선이라 한다. pH 4.5~5.5로 피지막, 약산성 보호막이라고도 한다. 피지는 반유동성의 유성물질로서 트리글리세리드(triglyceride), 스쿠알렌(squalene), 왁스(wax), 소량의 콜레스테롤(cholesterol), 콜레스테릴 에스테르(cholesteryl ester)로 구성되어 있다.

6) 입모근(arrector pili muscle)

모낭의 중간부에 위치하며 모발을 잡고 있는 근육으로, 자신의 의지와는 관계없이 긴장, 추위, 공포를 느낄 때 수축되며 모를 옆으로 회전하면서 꼿꼿하게 세우게 된다. 이때 입모근은 아래쪽으로 볼록하게 만곡하면서 근육이 수축되어 피지선의 피지가 모낭 속으로 압출된다. 속눈썹이나 눈썹, 코, 겨드랑이 털에는 입모근이 존재하지 않는다.

7) 내모근초(inner root sheath)와 외모근초(outer root sheath)

모구부에서 생성한 모발이 각화될 때까지 보호하고 표피까지 운송하는 역할을 하는 세포로 안쪽에는 내모근초, 바깥쪽에는 외모근초가 있다. 내모근초와 외모근초는 모구부 부분에서 세포분열에 의해 조성되며 모발의 성장과 함께 위로 올라간다.

내모근초는 헨레층(Henle's layer), 헉슬리층(Huxley's layer), 초 표피(sheath cuticle)의 3층으로 구성되어 있다. 내모근초 표피는 위에서 아래 방향으로 쌓은 기와 모양으로 겹쳐져 줄을 선 단층의 편평한 세포이고, 헉슬리층은 1~2층의 세포로 구성되어 있으며, 헨레층은 1층으로 약간 편평하고 핵이 잘 보이지 않는 세포이다.

8) 색소형성세포(melanocytes)

모발의 색상을 결정하는 멜라닌 색소를 형성하는 세포로 흑색 및 갈색을 나타내는 유멜라닌(eumelanin)과 노란색과 붉은색을 나타내는 페오멜라닌(pheomelanin)이 있다.

2 모간부의 구조

표피 표면으로 나온 부분을 모간부라 하며 횡단면을 구조적으로 살펴 보면 바깥부분으로부터 모표피(hair cuticle), 모피질(hair cortex), 모수질(hair medulla)로 구성되어 있다.

1) 모표피(hair cuticle)

모간의 가장 바깥부분으로 5~15층의 투명한 비늘 모양의 얇은 세포로 마치 기왓장처럼 겹쳐져 있고 외부의 자극으로부터 모발 내부를 보호해 주며, 보습과 윤기 등에 따라 모발의 건강상태를 알 수 있다.

두께는 0.5~1㎛로 모발 내부의 모피질을 감싸고 있으며 친유성으로 물과 약제의 침투와 작용에 대한 저항력이 있고 외적인 영향으로부터 모피질을 보호하고 있다.

모표피는 모발의 10~15%를 차지하고 모표피가 많을수록 모발은 단단하고 투명하며 습윤성을 갖고 광택이 난다. 주요 구성성분은 케라틴이라는 경단백질로, 반투명 막으로 되어 있어 우리가 눈으로 보았을 때 모발의 색을 구분지을 수 있다. 모표피는 최외표피(epicuticle), 외표피(exocuticle), 내표피(endocuticle) 등 3개의 층으로 이루어져 있다.

(1) 최외표피(epicuticle)

가장 바깥층에 있는 10㎛ 정도의 얇은 막으로, 시스틴 함유량이 많고 화학적 저항성이 높으며 수증기는 통과하지만 수분은 통과시키지 않는 성질이 있다. 결정성 물질로 구성되어 있어 딱딱하고 단단한 구조이지만 외부의 충격에 부서지기 쉽다.

(2) 외표피(exocuticle)

가운데 층으로 큐티클 구조의 2/3를 구성하고 있으며, 부드러운 케라틴층으로 형성되어 있고 시스틴결합이 많이 포함되어 있어 퍼머넌트 웨이브 약제에 쉽게 절단되기 쉽다.

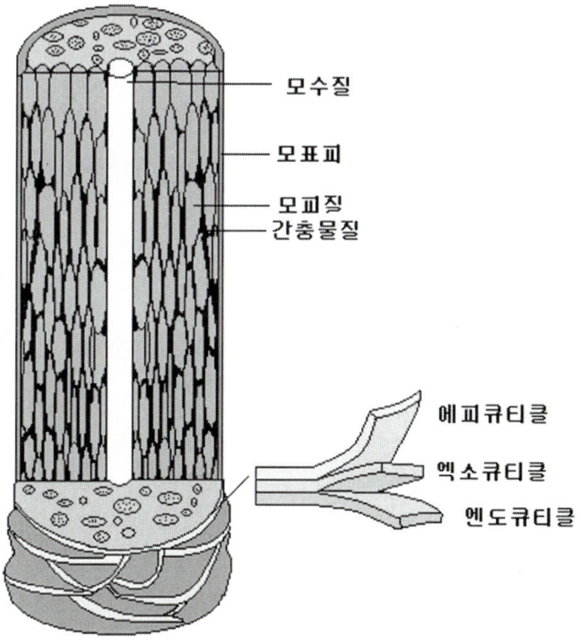

그림 2-2 모간부의 구조

(3) 내표피(endocuticle)

가장 안쪽에 있는 층으로 시스틴 함유량이 적은 케라틴 단백질이 주성분이며 세포막복합체층(CMC; cell membrane complex)으로 구성되어 있다. 침식성 약품에 대해서는 강하지만 알칼리 용액과 같은 단백질 용해성 약품에 대해서는 약한 성질을 나타내고 있다.

2) 모피질(hair cortex)

모피질은 모표피 안쪽에 위치해 있고 모발의 대부분인 85~90%를 차지하며 모피질세포는 타원형의 마크로피브릴(macrofibril)이라고 불리는 섬유상의 다발이 모여 구성된다. 결합 형태에 따라 모발의 특성인 강도, 탄성, 유연성과 성장의 방향, 굵기, 색소 등을 나타내고 있다.

모피질의 구성인 주쇄결합을 하고 있는 피질세포와 측쇄결합을 하고 있는 간충물질로 이루어져 있으나 과도한 퍼머넌트 웨이브나 샴푸 등에 의해 간충물질은 유출될 수 있으며, 이는 모발 손상을 가속화시키는 원인이다.

모피질은 과립상의 짙은 갈색 멜라닌 색소 입자를 함유하고 있으며, 친수성 부분으로 약제의 작용을 쉽게 받아 퍼머넌트 웨이브나 헤어컬러링과 가장 관련성이 깊은 부분이다.

(1) 피질세포

피질세포는 섬유다발과 같이 길이방향으로 구성되어 있고 치밀한 구조의 결정성이 높은 부분과 비결정성이 있는 구조로 이루어져 있다. 피질세포는 폴리펩티드 결합쇄 3개가 나선형의 α-헬릭스 구조로 구성된 것이 원섬유이며, 이들 원섬유는 11개의 다발이 2개 마이크로필라멘트를 중심으로 둘러싸 9+2의 구조를 한 미세섬유를 형성한다. 이러한 미세섬유와 미세섬유 사이를 이루는 것이 거대섬유이며 거대섬유 사이에는 간충물질이 채워져 피질세포로 구성되어 있다.

(2) 간충물질

간충물질은 피질세포의 사이 사이에 채워져 있어, 피질세포들 사이를 연결시켜 주는 역할을 하고 있다.

간충물질의 케라틴은 불규칙한 배열을 가지고 있어 부드럽고 탄성이 우수한 성질을 지닌다. 피질세포는 폴리펩티드 결합 위주의 주쇄결합이 주를 이루지만 간충물질은 시스틴결합, 염결합과 같은 측쇄결합이 많아 화학약품을 사용하는 퍼머넌트 웨이브와 모발의 염색과 탈색 시 영향을 가장 많이 받는다.

(3) 이중적 구조(bilateral)

흑인종의 경우 축모로 곱슬곱슬한 모양을 하고 있는데 이는 비교적 비결정성 부분인 오르소코텍스(ortho-cortex)와 결정성 부분인 파라코텍스(para-cortex)의 이중적 구조를 하고 있기 때문이다. 황인종은 파라코텍스의 구조가 많아 백인종에 비해 덜 유연한 반면, 백인종은 중앙 부분의 파라코텍스와 외측 부분의 오르소코르텍스가 동심원을 형성하고 있는 경우가 많다. 오르소코텍스는 친수성이 강하고 부드러우며, 퍼머넌트 웨이브 형성도 잘 된다.

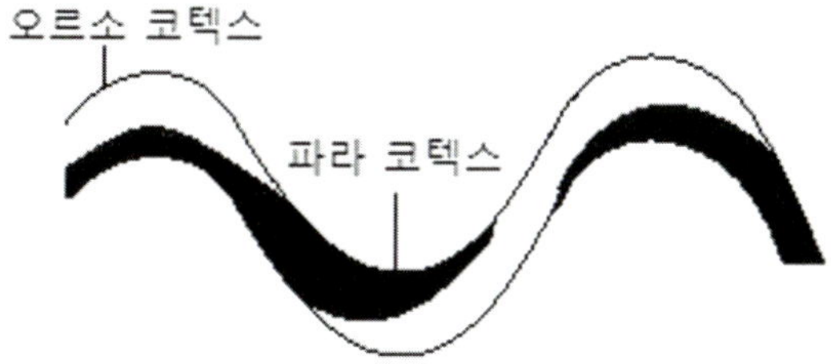

그림 2-3 이중적 구조 모형

[표 2-1] 오르소코텍스와 파라코텍스의 비교

특 성	오르소코텍스	파라코텍스
강연성	무르다	단단하다
존재장소	권축곡면의 바깥 부분	권축곡면의 안쪽 부분
흡습성, 팽윤성	크다	작다
염기성 염료의 염착성	크다	작다
시스틴 함량	약 9.8%	약 17.1%

3) 모수질(medula)

모수질은 모발의 중심부에 구멍난 벌집 형태의 세포가 축방향으로 줄지어 있는 공동(속이 비어 있는 상태) 부위로, 모수질 내부에는 약간의 멜라닌 색소 입자가 존재하고 있으며, 크고 작은 공포(void)가 많이 형성되어 있어 공기를

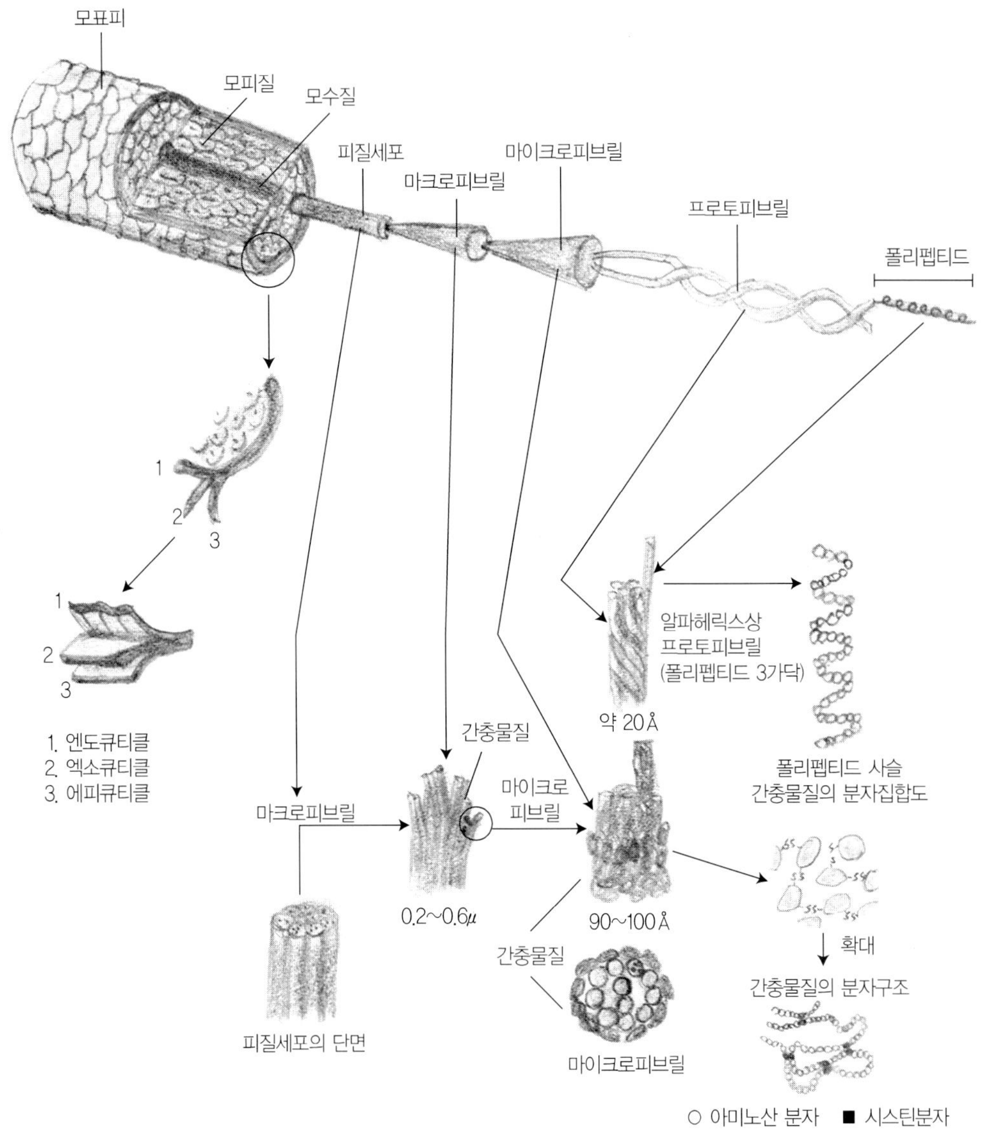

그림 2-4 모발의 미세구조

함유할 뿐 아니라 수분도 흡수하게 된다. 모수질은 0.07㎜ 이하의 연모(가는 모발)에는 존재하지 않으나 직경이 0.09㎜ 이상인 굵은 모발에는 존재한다.

모수질은 기계적, 화학적으로 거의 손상받지 않으나 모발에 따라서는 연필심과 같이 완전히 연결된 경모나 군데군데 잘려 있는 것 또는 전혀 없는 연모로 나눌 수 있다. 나이가 들수록 모수질의 크기는 커져 가는 현상을 보인다.

연습문제

1. 모모세포가 분열하여 모발로 성장되는 데 필요한 영양분을 공급하는 기관은?

2. 모발의 기원이 되는 세포로 모유두로부터 영양공급을 받아 세포분열하는 것은?

3. 자율신경의 지배를 받고 체온 손실을 막아 주는 역할을 하며 추위나 공포를 느끼면 자율적으로 수축하는 것은?

4. 피질세포와 세포간 결합물질로 구성되어 있으며 모표피의 안쪽에 있는 것은?

5. 과립상의 황색부터 짙은 갈색의 멜라닌 색소를 함유하고 있으며 친수성 부분으로 약제의 작용을 쉽게 받기 때문에 펌 또는 염색이 가능한 부분은?

6. 친유성의 성질을 가지고 있으며 물과 약제의 침투에 대한 저항력이 있고 외부 환경으로부터 모발 내부를 보호하는 것은?

7. 모피질 또는 모수질의 색소를 형성하는 세포는?

8. 모낭의 측면에 붙어 있으며 피지를 분비하여 피부와 모발에 윤기를 제공하는 것은?

9. 폴리펩티드 결합쇄 3개가 α-헬릭스 구조를 형성한 것은?

10. 원섬유다발이 2다발을 중심으로 원주상에 9개의 다발로 구성되어 있는 것은?

11. 다음 설명 중 틀린 것은?

① 모구: 전구 모양을 하고 내부는 모질세포와 멜라닌세포로 구성된다.
② 모모세포: 모유두로 영양과 산소를 받아 모발을 만든다.
③ 입모근: 기모근이라고도 하며 긴장하거나 충격을 받아 털을 세운다.
④ 모근: 두피 윗부분 모낭 속에 있는 모발을 말한다.

12. 모발의 구조를 잘못 설명한 것은?

① 모유두 : 혈관과 림프관을 통해 산소와 영양분을 공급받는다.
② 모근 : 두피 아래 모낭 속에 있는 모발을 말한다.
③ 모낭 : 모발을 만들어 내는 곳이다.
④ 피지선 : 모낭 아래 위치하며 피지를 분비하여 윤기를 준다.

13. 두피의 혈액공급이 나쁠 때 모모세포에 미치는 영향으로 맞는 설명은?

① 산소의 공급과다
② 특별한 영향은 없음
③ 영양의 공급불량
④ 피지의 과잉공급

14. 모발의 층에 대한 설명 중 틀린 것은?

① 모표피: 모발의 약 10~15% 정도를 차지하며 비늘 모양으로 겹쳐 있다.
② 모피질: 모발의 대부분인 85~90%를 차지하며 주성분은 세라미드이다.
③ 모수질: 중앙이 비어 있는 형태를 가진 세포이다.
④ 모수질: 내부에는 약간의 멜라닌 색소 입자가 존재하며 공기를 함유할 수 있다.

15. 피지선에서 분비되는 피지의 역할에 대한 설명 중 잘못된 것은?

① 피부와 모발의 건조함을 막아 준다.
② 약산성으로 대부분의 세균 생성을 막는다.
③ 비듬을 막기 위해서는 피지 분비가 많을수록 좋다.
④ 피지가 딱딱해지고 모공이 막히면 여드름이 생긴다.

16. 모발에서 모피질이 차지하는 비율은?

① 약 10~15% ② 약 30~45% ③ 약 75~80% ④ 약 85~90%

17. 모근을 둘러싸고 있는 주머니이며 두피 밖으로 나오는 모발을 보호하는 기능과 각질화되어 두피각질과 함께 떨어져 나가는 것은?

① 모모세포 ② 모유두 ③ 모낭 ④ 모구

18. 모피질의 간충물질에 관한 설명으로 부적절한 것은?

① 주성분은 케라틴 단백질이다.
② 아미노산 분자의 배열이 규칙적이다.
③ 간충물질의 성분은 C케라틴, 폴리펩티드, 천연 보습인자 등이다.
④ 모발 전체의 50%를 차지한다.

19. 모발이 생성, 성장하는 장소로서 볼록한 전구 모양의 형태로 아랫부분은 움푹 패여 있으며 진피세포층에서 나온 모유두와 맞물려 있는 것은?

① 모낭 ② 모구 ③ 모근 ④ 모유두

20. 모표피(큐티클)에 대한 설명 중 적합한 것은?

① 모발의 색을 결정하는 멜라닌 색소가 함유된 조직
② 모발의 탄력성과 보습성을 결정하는 조직
③ 모발의 매끈함과 광택을 좌우하는 조직
④ 모수질이라고도 하며 모발의 가장 내부에 있는 조직

21. 모피질에 대한 설명이 아닌 것은?

① 모발의 대부분을 차지하며 모발의 성질을 좌우한다.
② 모발 시술과정에서 가장 영향을 많이 받는다.
③ 여러 가지 섬유조직과 간충물질로 구성되어 있다.
④ 물리적인 손상을 가장 받기 쉽다.

22. 에피큐티클(epicuticle)에 관한 설명으로 적합한 것은?

① 최내층에 위치한다.
② 두께가 약 30㎛ 정도이다.
③ 얇은 막이므로 물이 통과할 수 있다.
④ 아미노산 중 시스테인 함유량이 많다.

제 3 장

모발의 생리적 특성

1 모발의 성장주기(hair cycle)

모발은 주기적으로 성장기(anagen), 퇴행기(catagen), 휴지기(telogen), 발생기(new anagen stage)의 과정을 반복한다.

모발은 모유두와 연결된 모세혈관으로부터 산소와 영양분을 공급받아 성장하게 된다. 그러나 이 모유두의 모모세포는 끊임없이 세포분열하여 성장하는 것이 아니라 일정한 시기가 되면 활동이 멈추게 된다. 즉, 모발은 모유두의 활동이 활발한 시기인 성장기, 모유두의 활동이 서서히 정지되어 모근부와 모유두가 분리되는 시기인 퇴행기, 모유두의 활동이 완전히 멈추는 시기인 휴지기, 다시 모모세포의 활동이 활발히 일어나는 발생기를 거치게 되는데 이를 모발의 성장주기라 한다.

인간의 모발 성장은 주기적이지만 각 모낭은 독립적으로 활동하기 때문에 동물과 같이 일시에 탈모하지는 않는다.

모발은 성장기, 퇴행기, 휴지기, 발생기의 과정을 약 10~15회 거듭하며 모유두의 일생을 마치게 되는데 병, 유전, 체질 등에 의해 주기에 변화를 가져올 수 있다.

1) 성장기(anagen stage)

모모세포가 모유두에 접해 있는 모세혈관을 통하여 산소와 영양을 공급받아 세포분열을 일으켜 모발이 빠르게 성장하는 시기이다.

성장기 기간은 여성의 경우 약 4~6년이고, 남성의 경우는 3~5년으로 전체 모발의 80~90%가 이 단계에 속하며, 머리카락의 두께, 모양, 재질을 결정하는 모낭의 기초가 형성되는 시기이다.

모발의 성장은 호르몬, 영양상태, 질병의 유 · 무, 개인의 건강상태나 연령에 따라 조금씩 다르지만 보통 1개월에 1~1.5㎝ 정도 자라난다.

2) 퇴행기(catagen stage)

성장기가 끝나면 모발은 세포분열이 정지되어 더 이상 케라틴 성분을 만들지 않는다. 이 시기는 서서히 모구부가 수축하여 모발이 모낭에 둘러싸여 위쪽으로 올라가며 약 2주~2개월 정도 지속된다.

모유두와 모구부가 분리되고 모낭이 위축되면서 혈액공급이 중단되고 모발 생성이 점점 느려져 성장을 멈추는 시기이다. 전체 모발의 1%가 이 단계에 속한다.

3) 휴지기(telogen stage)

모발 성장의 마지막 단계로 더 이상의 성장은 일어나지 않으며 모낭은 줄어들기 시작하고 모낭과 모유두가 완전히 분리되어 모발이 빠지게 된다. 휴지기는 약 3~5개월 정도 지속되며 14~15%가 이 단계에 속한다.

휴지기에 들어간 모발은 고착력이 약해지고 멜라닌 색소도 결핍된다.

성장기의 모발은 퇴행기를 거쳐 휴지기에 들어갔다가 결국 탈락하게 되는데, 저절로 빠져나가는 모발의 숫자는 연령에 따라 차이가 있으나 보통 하루에 50~100개로 알려져 있다.

4) 발생기(new anagen stage)

세포분열이 왕성해지며 새로운 모발이 생성되는 시기로 휴지기 동안 휴식을 취한 모유두가 다시 새로운 모발을 만들고자 모낭에 둘러싸여 있던 신생모발의 모구부와 결합하여 새로운 모발을 성장시키는 단계이다.

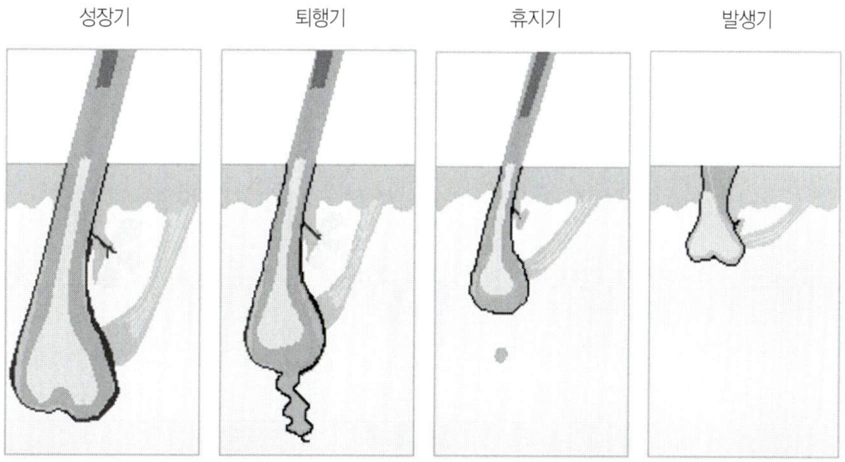

그림 3-1 모발의 성장주기

[표 3-1] 신체 발생부위별 성장 특성

발생부위	1일 성장(mm)	성장주기
모 발	0.35 ~ 0.40	남성 3~5년, 여성 4~6년
수 염	0.38	2~3년
액와모	0.23	1~2년
음 모	0.20	1~2년
눈 썹	0.18	4~5개월
속눈썹	0.18	3~4개월
솜 털	0.05	2~4개월

2 모발의 일반 개요

1) 모발의 수

모발의 수는 인종, 모발의 색, 성별 등에 따라 다르며 사람마다 차이가 나는데 그 이유로는 이미 모발의 수가 태어날 때 결정되어서 나오기 때문이다. 일반적으로 금색 모발을 가진 백인종은 약 14만 개, 옅은 갈색의 백인종은 약 11만 개, 검은 갈색의 황인종은 약 10만 개, 붉은 색의 황인종은 약 9만 개 정도이며, 전두부보다 후두부에 모발의 밀도가 높다. 성별에 따른 모발의 수는 대체로 여성이 남성보다 많다.

유전적인 요인에 의한 것이 대부분이나 성인보다 유아쪽 모발의 양이 적게 보이는 것은 모 자체가 가늘고 모낭에서 생성되지 않는 모도 있기 때문이다.

2) 모발의 성장 속도

모발의 성장 속도는 영양상태, 체질, 질병, 유전, 환경에 따라 다르기 때문에 미용실에서 수평으로 자른 머리라도 어느 정도 지나면 길이가 다르게 보이게 된다. 일반적으로 하루에 약 0.35~0.4㎜로 한 달에 약 1.0~1.2㎝, 1년에 약 12~15㎝ 정도 자란다.

3) 모발의 수명

모발의 수명은 평균적으로 여성은 약 4~6년이며, 남성은 약 3~5년 정도이다.

4) 자연적인 탈모

휴지기에 의한 자연탈모 및 빗질 등의 인위적인 자극에 의한 탈모를 포함하여 하루에 약 50~100개 정도가 자연적으로 탈모된다. 하루에 100개 이상이 탈모되면 꾸준히 두피 및 모발 관리를 통하여 탈모 방지에 노력해야 한다.

5) 모발의 굵기

모발의 굵기는 최소 0.005㎜의 솜털에서 최고 0.2㎜의 수염이 있다. 일반적으로 굵은 모발은 질기고 가는 모발은 부드러운 경향이 있다.

모발은 굵기에 따라 굵은 모발, 보통 모발, 가는 모발로 구분하는데 굵은 모발은 약 0.10~0.20㎜, 중간 모발은 약 0.075~0.085㎜, 가는 모발은 약 0.06㎜ 정도이며 머리카락이 나 있는 위치에 따라 굵기가 다르며 두정부나 뒷부분의 머리카락이 비교적 굵다.

굵은 모발의 경우에는 모표피가 10%, 나머지 90%는 모피질이 차지하고 가는 모발은 그 비율이 40% 대 60%의 비율이다.

모발의 굵기는 발생장소에 따라 길이나 굵기가 다르고 모낭의 직경과 모양에 따라서도 다르며 모표피의 비율도 그 요인으로 작용한다.

6) 모발의 형상

모발의 형태에 따라 직모, 파상모, 축모로 구분된다. 직모의 경우 단면의이 원형에 가깝고, 축모는 타원형에 가깝다.

3 모발과 영양

모발의 성장은 모세혈관을 통하여 모유두가 영양을 공급받아 성장하게 되므로 영양과 긴밀한 관계를 가지고 있다. 우리나라에서도 1970년대 이전에는 영양소가 부족하여 머리카락이 가늘고 윤기가 없어 보이는 사람들이 많이 있었다. 최근에는 영양의 부족보다는 너무 과다한 섭취로 인해 비만 및 당뇨, 고혈압을 초래하기도 한다. 또한 현대인의 바쁜 생활로 인스턴트 음식 및 편식으로 영양소를 불균형 섭취하거나 외모지상주의에 편승하여 다이어트를 심하게 할 경우 모발의 상태가 나빠지기도 한다.

우리가 건강을 유지하기 위해서는 영양소의 섭취가 균형을 이루어져야 건강한 삶을 유지할 수 있는데, 인간이 필요로 하는 영양소는 대략 50여 종이며 우리에게 필요한 영양소는 기본적으로 탄수화물, 단백질, 지방과 같이 생활에 필요한 에너지원을 공급하는 영양소와 무기질, 비타민과 같이 미량이 필요하지만 신진대사에 매우 중요한 영양소로 구분된다.

1) 모발과 영양소

영양소란 인간이 건강한 일상생활을 영위하기 위해 음식물을 섭취하여 성장과 건강을 유지하는 데 필요한 물질로, 영양소의 종류는 몸을 구성하는 물질, 신체활동에 에너지원이 되는 물질, 미량의 원소이지만 신체의 기능을 조절하는 물질로 분류할 수 있다.

(1) 구성소

몸을 구성하는 물질(근육, 뼈, 신경, 혈액)로 단백질, 무기질, 물이 있다.

(2) 열량소

우리 신체는 36.5℃의 일정한 온도로 유지하여야 생명이 유지되고 생활을 할 수 있게 된다. 이와 같이 신체활동에 필요한 에너지를 공급하는 것으로 탄수화물, 지방, 단백질이 있다.

(3) 조절소

신체의 기능을 조절하는 영양소로 이것은 신체활동에 미량이 필요하지만 약간의 과부족에 의해 우리 신체는 크게 영향을 받게 되는데, 자동차에서 윤활유가 부족하면 차가 움직이지 못하게 되는 것으로 비유할 수 있다. 이러한 영양소로는 무기질, 물, 비타민이 있다.

2) 단백질

단백질은 여러 종류의 아미노산으로 구성된 것으로 조직의 재생과 보수에 관여하며 효소, 호르몬의 합성을 위한 주성분으로 피부 저항력을 증진시키는 역할을 한다.

단백질은 탄소(C), 수소(H), 산소(O), 질소(N)를 포함하고 있으며 신체 단백질의 기본이 되는 단위는 아미노산이다.

식품에서 얻어지는 단백질은 약 20종류 정도의 아미노산이 존재하는데 이 중 성인에서 필요한 필수아미노산은 류신(leucine), 라이신(lysine), 이소류신(isoleucine), 트레오닌(threonine), 메티오닌(methionine), 페닐알라닌(phenylalanine), 트립토판(tryptophan)의 8종류이며 아동에게는 히스티딘(histidine), 아르기닌(arginine)이 첨가되어 10종류의 필수아미노산이 필요하다.

모발은 18종의 아미노산으로 구성된 케라틴 단백질이므로 모발의 성장 촉진을 위해서는 단백질 섭취가 매우 중요하다. 단백질이 많이 함유된 주요 공급원으로는 육류, 생선, 우유, 달걀, 콩 등의 음식이 있다.

3) 탄수화물

탄수화물은 지방, 단백질과 함께 에너지를 공급하는 3대 영양소이다. 탄수화물의 종류로는 단당류, 이당류, 올리고당, 다당류가 있고, 탄소(C), 수소(H), 산소(O)로 구성되어 있으며 단맛을 내는 것 외에도 소화가 쉽고 우리 몸 안에서 독성물질을 적게 만드는 특징이 있다.

에너지 공급의 주된 형태는 대부분이 탄수화물에서 얻어지는 포도당이다. 주식인 밥으로 섭취되는 탄수화물은 전분, 설탕 등 여러 종류의 당류지만 소화과정 중에서 대부분은 단당류로 분해되어 흡수된다. 이러한 단당류가 조직으로 운반되어 에너지의 발생원으로 될 때 포도당의 형태로 변화되어서 사용되는 것이다.

탄수화물의 작용은 열량 대사가 주된 역할이며 여분의 탄수화물은 지방으로 전환되어 피부나 체내에 저장된다.

4) 지질

물에는 녹지 않고 유기 용매에는 녹는 물질을 지질이라 하며, 상온에서 고체인 지방과 액체인 기름이 있다. 지질은 탄소(C), 수소(H), 산소(O)로 이루어져 있고 탄수화물보다 산소 분자를 적게 함유하고 있다.

탄수화물이나 단백질과 같은 열량소에 비해서 g당 열량이 크기 때문에 같은 양을 섭취했다고 하더라고 지방은 더 많은 에너지를 생산해 낼 수 있다.

지질은 대부분 글리세롤 1분자와 지방산 3분자로 구성된 중성지질의 구조이며 식품의 지방성분은 주로 중성지질이다.

지방의 종류에는 지방산, 중성지방, 이지질, 콜레스테롤 등이 있고 체내에서 합성하지 못하는 지방산을 필수지방산이라 한다.

(1) 필수지방산

필수지방산은 우리 몸의 신경조직과 망막 및 심장의 세포막 구성에 반드시 필요하고 콜레스테롤을 낮추는 역할을 하는 데 중요하다. 체내에서는 합성되지 않아 반드시 음식물에서 섭취해야 하는데 리놀레산(linoleic acid), 리놀렌산(linolenic acid), 아라키돈산(arachidonic acid)이 있으며 이들의 섭취가 부족하면 피부염, 성장장애, 생식기능장애, 지방간의 증상이 나타난다

성장 촉진과 모발건강 유지에 필수적인 대표적 필수지방산으로는 오메가3, 오메가-6 지방산이 있으며 등푸른생선, 식물성 기름, 견과류에 많이 함유되어 있다.

(2) 지질의 작용

지용성 비타민의 용매 역할로 지용성 비타민의 흡수를 용이하게 하며 뼈의 석회화를 촉진하여 골격조직에 칼슘의 침체를 촉진시켜 골밀도를 증가시키고, 체온의 발산을 방지하는 역할을 하며, 피지선의 기능을 조절하여 윤기가 있는 피부 및 모발을 유지하게 한다.

5) 비타민

비타민은 필수 에너지원은 아니지만 호르몬과 같이 소량으로도 작용하는 것으로서 없어서는 안 될 중요한 영양소이다.

비타민은 활력을 준다는 의미인 vita와 화학구조에 공통적으로 아민기가 있어 유래된 것으로 음식물을 섭취하였을 때 소화작용 시 화학반응에 도움을

주는 역할을 하게 된다. 따라서 비타민은 신체의 기능을 조절하며 부족 시 신체적 균형을 잃게 하는 영양소로 피부를 건강하게 하고, 비듬과 탈모를 방지한다.

지용성 비타민은 체내 축적 후 이용 가능하지만 수용성 비타민은 체내 축적이 이루어지지 않으므로 매일 체내 필요량을 섭취하여야 한다.

식품을 통해 섭취되는 비타민은 부족하거나 과잉 섭취되면 인체에 이상을 동반하기도 하는데 두피와 모발에도 영향을 미친다.

비타민의 종류에는 지용성과 수용성이 있으며 지용성 비타민에는 비타민 A, D, E, K, F 등이 있으며 수용성 비타민에는 비타민 B군인 비타민 B_1(thiamin), B_2(riboflabin), B_6(pyridoxine), 나이아신(niacin), 비오틴(biotin), 비타민 B_{12}(cobalamin), 판토텐산(pantothenicid), 엽산(folic acid)과 비타민 C가 있다.

(1) 지용성 비타민

지용성 비타민은 기름과 유지 용매에 용해되며, 하루 섭취량이 포화 시에는 체내에 저장되고, 체외로 쉽게 방출되지 않으므로 결핍증세가 서서히 나타난다.

① 비타민 A

비타민 A는 우리나라 사람들에게 부족하기 쉬운 영양소로 녹황색 채소에 많이 함유되어 있다.

시력과 상피세포의 건강에 관련이 있으며, 신체 내에서 여러 가지 중요한 역할을 하는 영양소로 신체에서의 작용은 정상적인 성장을 촉진하고, 광선에 대한 적응력을 유지하고 피지분비를 촉진시키며, 상피조직의 기능을 유지하는 것이다. 과잉 섭취 시 탈모증 유발 우려가 있으며, 결핍 시에는 야맹증, 안구건조증, 두피의 각질화가 일어나며 모발에 광택이 없고 손톱, 발톱에 세로 주름이 잡힌다. 주요 식품으로는 동물의 간, 녹황색 채소, 달걀 노른자, 우유 등이 있다.

② 비타민 D

자외선에 의해 피부에 있는 콜레스테롤로부터 합성되는 것으로 신체 내에서의 주요 작용은 칼슘의 흡수를 좋게 하여 골격과 치아의 발육을 촉진하고, 비타민 A의 효과를 도와 주는 것이다.

결핍 시에는 칼슘 흡수가 저하되어 구루병, 골연화증, 골다공증 등을 유발한다. 주요 식품으로는 동물의 간, 달걀 노른자, 버터, 우유 등이 있다.

③ 비타민 E

비타민 E는 항산화 작용으로 지방 과산화에 의한 노화를 방지하고, 피부혈관을 강화하고 모세혈관을 넓혀 말초 혈액순환을 원활히 하며, 동물의 생식에 관여한다.

비타민 E는 지방조직에 저장되므로 건강한 사람에게는 결핍증세가 거의 나타나지 않지만 결핍되면 정상적인 생식기능이 상실되고, 드물기는 하나 용혈성 빈혈 현상이 생길 수 있다. 주요 식품으로는 밀의 배아, 견과류, 푸른 잎 채소 등이 있다.

④ 비타민 K

비타민 K는 혈액응고인자로 발견된 비타민으로 혈액응고에 필요한 효소 생성에 필요하며, 세포에 붙어 지방분을 용해시킨다.

비타민 K는 식사를 통하여 섭취하지 않아도 사람의 장내 미생물에 의해 합성이 가능하므로 충분히 공급을 받게 되나, 비타민 K가 공급되지 않으면 출혈이 있을 경우 지혈이 잘 되지 않아 어려움을 겪을 수 있다.

(2) 수용성 비타민

수용성 비타민은 물에 용해되는 것으로 필요량 이상 섭취되면 체내에 저장되지 않고 방출되므로 필요량을 매일 공급해야만 하며 결핍증세가 빨리 나타난다.

① 비타민 B군

비타민 B군은 에너지의 대사과정에 효소로 작용하여 신체에 활성을 주며 건강한 피부와 모발을 유지하기 위하여 필요한 영양소이다.

- 비타민 B_1(thiamine)

당질 대사에 중요한 역할을 하는 영양소로 우리나라와 같이 쌀 등의 곡물을 주식으로 하는 경우 비타민 B_1의 섭취가 많이 요구된다. 체내에서 일어나는 여러 화학반응을 원활하게 하며, 신경을 정상적으로 유지시키는 역할을 한다. 결핍 시에는 소화기계, 신경계, 심장계 등에 다양한 증세가 나타나며, 대표적인 증상으로 각기병이 나타난다. 주요 식품으로는 효모, 전곡, 견과류, 종자 등이 있다.

• 비타민 B_2(riboflavin)

비타민 B_2는 탄수화물, 단백질, 지방대사를 도와 주며 골수에서의 적혈구 생성에 관여하고, 피지분비 조절로 피부를 윤택하게 한다. 결핍 시에는 구순구각염으로 조직감염과 상처 치료가 잘 안되며 피부가 거칠어지고 어린이의 성장에 장애를 준다. 주요 식품으로는 육류, 생선, 시금치, 브로컬리 등이 있다.

• 비타민 B_3(niacin)

대사 전반에 관여하는 효소활동을 돕는 보조효소의 주성분으로 작용하며 모발 및 피부의 탄력과 건강을 유지시킨다.

• 비타민 B_6(pyridoxine)

단백질, 지방, 탄수화물의 흡수를 도와 주고, 피지선의 기능 조절로 피지분비 억제작용을 하여 여드름, 지성두피에 효과적이다. 결핍증은 거의 나타나지 않으나 유아의 경우 근육경련, 복통, 체중 감소, 구토 등의 증상을 보이기도 한다. 주요 식품으로는 생선, 간, 달걀, 곡식, 통, 땅콩, 호두 등이 있다.

• 비타민 B_{12}(cobalamine)

단백질대사에 관여하며, 간장기능을 활성화시키고 단백질, 핵의 구성 성분으로 성장발육을 촉진한다. 결핍 시에는 악성빈혈이 생길 수 있으며 주요 식품으로는 육류, 생선, 달걀 등의 동물성 식품에 많이 있으며, 특히 간과 내장기관에 많고 생선, 조개류와 우유 등에 있다.

• 엽산(folic acid)

핵산의 합성에 필요하고 헤모글로빈의 합성에 관여한다. 엽산의 대사과정 중 이들의 합성을 위하여 비타민 C와 비타민 B_{12}, 비타민 B_2 등이 필요하다.

② 비타민 C(ascorbic acid)

비타민 C는 세포간질의 콜라겐 생성에 관여하고, 필수지방산의 산화 방지 및 감염에 대한 저항력을 가지고 있다. 멜라닌 색소의 증가를 억제하여 미백효과와 철분과 칼슘 등의 무기질 흡수를 돕고 항스트레스 작용을 한다. 부족 시에는 괴혈병이 나타나고 과잉 시에는 요를 노란색으로 변화시킨다. 식품

중에는 귤, 오렌지, 키위, 푸른 잎 채소, 브로콜리, 고춧잎, 시금치 등에 많이 있으며 저장기간이 길어지면 함유량이 감소한다.

6) 무기질

유기물을 제외한 것을 무기질이라 하는데 신체 내 함유량이 0.01% 이상이거나 1일 섭취량이 100mg 이상이면 다량무기질(Ca, P, Na, K, Cl, Mg, S 등), 신체 내 함유량이 0.01% 미만이거나 1일 섭취량이 100mg 미만이면 미량무기질(Fe, Cu, Zn, F, I, Se 등)이라 하며 약 21종이 있다. 무기질은 자체 에너지를 생산하지는 않으나 골격이나 치아의 주성분이며, 근육이나 혈액세포 등 체조직의 구성성분으로 체내에서의 대사작용에 중요한 역할을 하는 효소로서 체액을 중성으로 유지하게 하고 근육의 탄성 유지, 혈액의 응고, 신경계의 기능 및 대사과정 등 체내 기능조절 작용을 한다. 또한 무기질은 생체 내에서는 합성이 불가능하므로 반드시 식품을 통해서만 섭취가 가능하다.

(1) 칼슘(Ca)

칼슘은 골격과 치아의 주성분으로, 혈액의 응고 작용을 하고 근육의 수축 이완작용을 조절하며, 백혈구의 멸균작용을 촉진시켜 질병에 대한 저항력을 증가시키고, 신경의 작용에 대한 감수성을 안정시켜 효소의 작용을 활성화시킨다. 부족 시에는 성인의 경우 골다공증, 골연화증이 발생하며 어린이의 경우 성장 정지, 골격과 치아의 질 저하, 구루병이 나타난다. 과잉 시에는 철분, 아연 및 기타 필수원소의 흡수를 저해하며, 신장결석을 유발시킬 수 있다. 주요 식품으로는 우유, 멸치, 두부 등이 있다.

(2) 인(P)

모든 조직세포에 필수적인 성분으로 90%는 골격과 치아의 경조직을 구성하고 10%는 세포체액 속에 함유되어 있으며, 체액을 중성으로 유지시킨다. 식품 중에는 우유, 치즈, 난황, 육류, 김 등에 많이 함유되어 있다.

(3) 칼륨(K)

근육, 장기 등의 모든 세포 내에 존재하며 체액에는 소량 존재하고, 알칼리 평형 및 삼투압 유지와 근육 수축 등의 작용을 한다. 정상적인 식사를 하면 결핍증은 잘 나타나지 않는다. 주요 식품으로는 가공하지 않은 콩류, 과일, 푸른 잎 채소 등이 있다.

(4) 마그네슘(Mg)

칼슘과 같이 골격 성분으로서 약 70%는 골격에 존재하며, 근육이완 및 신경안정 작용을 하고 ATP로부터 에너지가 방출될 때와 축적될 때 필요하다. 결핍증은 잘 나타나지 않으나 알코올 중독과 위장질병은 마그네슘의 저장을 저해하여 메스꺼움, 뇌기능의 손상을 일으킬 수 있다. 주요 식품으로는 견과류, 전곡, 살코기, 생선, 푸른 잎 채소 등이 있다.

(5) 나트륨(Na)

식염 상태로 체액 중에 존재하고 삼투압 유지에 관여하며, 근육의 탄력을 유지시킨다. 부족 시에는 구토, 설사, 심한 땀흘림의 현상이 발생하며, 과잉 시에는 고혈압의 위험이 있다.

(6) 황(S)

황은 모발을 구성하는 주요 아미노산 중 시스테인, 시스틴, 트레오닌, 메티오닌 등에 존재하므로 모발에서 매우 중요한 무기질이다. 결핍 시에는 모발, 손 · 발톱의 윤기가 없어지며 손상을 초래한다. 주요 식품으로는 육류, 우유, 계란 등이 있다.

(7) 철(Fe)

체내 모든 세포 내에 존재하는데 약 60%가 혈액에 함유되어 있으며, 적혈구의 헤모글로빈의 구성성분으로 혈액의 생성에 관여하고, 적혈구 중의 헤모글로빈에 존재하는 산소와 결합하여 조직 중에 산소를 운반한다. 부족 시에는 혈액 내의 철분을 감소시켜 빈혈을 일으키고 어린이의 경우 집중력 부족, 성급함 등으로 학습부진의 원인이 되기도 한다. 주요 식품으로는 간, 육류, 어패류, 난류, 푸른 잎 채소, 해조류 등이 있다.

(8) 요오드(I)

갑상샘호르몬인 티록신의 주성분으로 기초 신진대사율을 조절하며, 갑상샘과 부신의 기능을 향상시켜 피부를 아름답게 한다. 결핍 시 기초 신진대사가 저하되고, 모발이 빠지고 피부가 거칠어진다. 주요 식품으로는 해조류인 다시마, 미역 등이 있다.

(9) 구리(Cu)

주로 간, 뇌, 피부 등에 있으며 체내에서 화학반응의 촉매제 역할과 헤모글로빈 생성에 소량이 필요하다. 주요 식품으로는 어패류, 간, 전곡, 호두, 땅콩 등이 있다.

(10) 아연(Zn)

효소의 구성성분으로 단백질 대사와 관련하여 핵산의 합성에 관여하고 면역력 증진작용을 한다. 피부, 골격, 손 · 발톱, 모발, 안구에 주로 분포하고 있으며 부족 시 모발 성장발육이 부진해지고 면역력이 저하된다. 주요 식품으로는 육류, 생선 등이 있다.

(11) 셀레늄(Se)

무기질 중 대표적인 항산화 영양소로서 비타민 E와 함께 체내에서 지질 과산화를 방지하고 세포막을 보호하는 역할을 하며, 수은이나 카드늄 등의 중독에 방어작용을 한다. 주요 식품으로는 동물의 내장육과 해산물, 곡류, 우유, 과일, 채소 등이 있다.

7) 모발 건강을 위한 추천 식품

(1) 현미

순수한 쌀밥을 포함하여 감자, 밀가루 음식 등은 섭취되면서 곧바로 당분 형태로 흡수되므로 인슐린 분비를 촉진시키는 역할을 한다. 탄수화물이 많은 음식물을 너무 많이 섭취하는 것은 호르몬의 균형을 깨서 모발에 안 좋은 영향을 미치게 한다. 따라서 흰 쌀밥 대신 현미를 섭취하는 것이 모발 건강에 좋다.

(2) 검정콩

검정콩에 들어 있는 비타민 E군이나 불포화지방산은 혈관을 확장시켜 혈액순환을 원활하게 한다. 검정콩에 많이 함유된 아미노산 중 arginine은 모발성장을 촉진시켜 주는 nitric oxide의 대사 전구물질로 항안드로겐 복용으로 인한 성기능 부작용을 막아 주며, cysteine은 모발 성장의 필수 성분으로 탈모방지에 효과가 있다.

(3) 검정깨

검정깨에는 함유된 감마토코페롤의 항산화 작용은 탈모의 원인인 5-알파 환원효소의 작용을 억제하여 탈모를 방지하고, 지질 성분은 혈관을 튼튼하게

해 주고 두피에 영양을 주어 머리카락이 빠지는 것을 막는다.

검정깨에는 리놀레산, 리놀렌산 등 불포화지방산, 필수 아미노산, 비타민 E, 칼슘, 철분 등이 균형 있게 들어 있으며 혈중 콜레스테롤치를 떨어뜨려 동맥경화를 예방한다. 또한 스트레스나 초조감을 진정시켜 주며 피부를 윤기 있게 하고 노화 억제와 빈혈 예방에 도움이 되며 간, 피로한 눈에도 효과가 있다.

(4) 다시마

다시마는 해조류 가운데 요오드를 가장 많이 함유하고 있으며, 요오드는 신진대사를 촉진하고 세포를 활성화시켜 신체의 저항성을 높인다. 또한 요오드는 갑상샘의 활동을 높이기 때문에 갑상샘 질환이 있는 사람들에게 효과적이다.

(5) 녹차

녹차 성분 중 epicatechin-3-gallate와 epigallocatechin-3-gallate가 5-알파 환원효소를 선택적으로 저해하고 녹차 잎에서 추출한 카테킨(catechins) 성분이 항 안드로겐 특성을 가짐으로써 탈모방지에 효능이 있다. 녹차에는 비타민 A, 비타민 C 등이 많이 함유되어 있어 피부세포나 점막세포를 건강한 상태로 유지시키는 작용과 항산화작용으로 두피 및 모발을 건강하게 유지하도록 한다.

8) 모발 건강에 유해한 식품

(1) 단 음식

설탕이나 당분이 많이 함유된 음식은 혈액순환을 악화시켜 모근에 영양공급을 방해하여 두피 및 모발 건강에 유해하다. 당은 인슐린 호르몬의 분비를 높여 필수지방산인 아라키톤산의 생성을 증가시킴으로써 남성호르몬 생성에 관여하여 탈모를 야기할 수 있다.

(2) 동물성 지방

포화지방이 많이 함유된 음식은 피지분비를 촉진시켜 모공을 막아 세균의 번식을 초래하고, 남성호르몬 생성에 관여하여 탈모의 원인이 되게 한다.

(3) 술, 담배, 인스턴트 식품

담배는 세포의 기능을 저하시키고 모세혈관을 수축시켜 모발에 영양 공급이 불충분하게 하여 모발의 성장을 저해하고, 인스턴트 식품에 함유된 각종 첨가제, 포화지방산 등은 성인병을 유발하는 원인으로 작용하며 모발의 성장에도 영향을 준다.

4 모발과 호르몬

신체의 기능은 신경계의 유기적인 연락체계에 의해 통제되며 신체 내에서 조성된 물질은 화학작용에 의해 조절된다. 호르몬은 특수한 화학물질을 특정한 세포나 기관에서 만들어지는데, 특정한 도관을 통하지 않고 혈액이나 림프를 따라 전신에 퍼지며 표적기관에 흡수되어 대사속도를 조절한다. 호르몬은 단백질, 스테로이드, 아민의 3종으로 구성되어 있으며 호르몬을 분비하는 곳으로는 뇌하수체, 솔방울샘, 갑상샘, 부갑상샘, 부신, 가슴샘, 콩팥, 이자, 생식샘(고환, 난소) 등이 있으며 호르몬의 특징과 작용은 다음과 같다.

① 아주 적은 양으로도 강력한 효능을 나타낼 수 있는 유기물질이다.
② 호르몬의 과다분비에 의한 거인증이나 과소분비로 소인증이 발생하는 것처럼 과다, 과소분비에 의해 특이 증상이 발생한다.
③ 인체 내에서의 에너지 대사에 관여하며, 여러 대사물질의 저장, 동원, 상호전환 및 이용을 조절한다.
④ 구조가 비교적 간단하고 샘세포가 작은 집단을 이루고 있다.
⑤ 성호르몬과 갑상샘호르몬 이외의 호르몬은 경구 투입하여도 소화효소에 의해 분해되어 효력이 없다.
⑥ 체액의 양과 조성을 일정하게 유지하는 데 함께 작용한다.
⑦ 추위에 대한 적응, 감염, 스트레스에 대한 저항 같은 생체의 내부환경에 항상성을 유지한다.
⑧ 각 조직의 발육과 기능의 조화를 이루기 위한 억제작용을 한다.
⑨ 성에 대한 특성을 나타내고 그 기능의 조절과 자율운동의 특수성을 가지고 있다.

1) 뇌하수체

뇌하수체는 뇌의 아랫부분에 있다고 하여 붙여진 말로, 머리안 바닥의 나비뼈 안장 속에 붙어 있는, 무게 0.5g 정도인 콩알 크기의 작은 내분비기관이다.

그 형태와 기능에 따라 앞엽(샘뇌하수체), 중간부, 뒤엽(신경뇌하수체)으로 나누어지고, 시상하부와 연결되어 있다.

중간부는 퇴화되어 흔적만 보이고, 뒤엽은 직접 호르몬을 분비하는 것이 아니라 시상하부의 호르몬이 신경축삭을 따라 이곳에 오면 저장되었다가 신경 흥분이 전달되면 혈액 내로 방출된다. 뇌하수체는 다른 내분비계의 기능을 촉진시키는 기능이 있고 그 위치가 뇌의 아래쪽에 위치하여 신경계와 내분비계가 서로 연관되어 있어서 뇌의 정보가 뇌하수체로 연결될 수 있음을 보여 준다. 뇌하수체가 모발 및 피부에 미치는 영향으로는 과잉분비 시 피부가 거칠어지고 모발 성장이 증가되지만 부족하면 피부노화 및 탈모를 유발하게 된다.

(1) 뇌하수체앞엽 호르몬

뇌하수체앞엽 호르몬은 여러 기관에 영향을 주고 있으며 뼈, 근육, 내장 등의 발육을 촉진시키는 성장호르몬(growth hormone; GH), 갑상샘의 발육 및 호르몬 분비를 촉진시키는 갑상샘자극호르몬(thyroid-stimulating hormone; TSH), 부신겉질의 증대 및 호르몬(특히 코티졸 및 성호르몬)의 분비를 촉진시키는 부신겉질자극호르몬(adrenal-corticotrophic hormone; ACTH), 난포의 발육을 촉진하고 에스트로겐 분비를 자극하며 정자의 형성을 촉진시키는 난포자극호르몬(follicle stimulating hormone; FSH), 배란 및 황체형성을 촉진하고 프로게스테론과 테스토스테론의 분비를 촉진시키는 황체형성호르몬(lutenizing hormone; LH), 젖 분비를 촉진시키는 젖샘자극호르몬(lactogenic hormone, prolactin), 멜라닌세포자극호르몬(melanocyte stimulating hormone; MSH) 등이 있다.

① 성장호르몬(growth hormone; GH)

성장호르몬은 일반적으로 190여 개의 아미노산으로 구성되어 있으며 뼈의 형성 및 골격근육 형성을 촉진하여 신체성장 효과를 나타낸다. 성장호르몬은 유사분열을 통해 세포를 증식시켜 성장기에는 많은 양이 분비되지만 성인이 되면 분비량이 서서히 감소하게 된다.

유사분열을 통해 세포의 수를 증가시켜 성장기 어린이의 뼈와 근조직의 성장을 촉진시키므로 키를 결정하는 주요 호르몬이다. 성장기에 호르몬의 분비가 적거나 정지될 경우 체구가 작을 뿐 아니라 발육상태가 나쁘게 되는 뇌하수체성 왜소증 현상이 나타나고, 반대로 성인이 되어서도 성장호르몬이 과다하게 분비되는 경우에는 얼굴이 턱과 눈썹 아래의 뼈가 길어지고 손발이 과대하게 커지는 말단비대증을 초래한다.

성장호르몬은 대사작용 호르몬으로 당 대사, 단백질 대사, 지방 대사작용을 한다. 당 대사작용으로는 탄수화물에서 분해된 글리코겐의 저장을 증가시켜 혈당을 증가시키거나, 세포막을 통해 세포 내로 포도당의 이동을 억제시켜 혈당의 항상성을 유지한다. 단백질 대사작용은 단백질 동화작용을 촉진하므로 아미노산이 단백질로 형성되도록 한다. 지방대사 작용은 인체에 필요한 에너지를 지방을 통하여 얻게 하는 것으로 지방조직으로부터 지방산의 분해를 촉진시켜 에너지원으로 사용하게 한다.

② 젖샘자극호르몬(prolactin; PRL)

젖샘자극호르몬(prolactin)의 구조는 성장호르몬과 유사하며, 유방만을 표적기관으로 삼는 단백질 호르몬으로 임신 5주부터 분비되기 시작하고 분만 직후에 대량으로 분비되어 젖샘을 자극하여 젖 분비를 촉진시킨다.

임신 중에 젖샘자극호르몬 분비가 증가하여 임신말기에는 젖샘자극호르몬 분비가 최고조로 달하지만 출산 전까지 젖 분비가 일어나지 않는 원인은 태반에서 에스트로겐과 프로게스테론이 다량 분비되기 때문이다. 그러나 분만하면 태반에서 분비되는 에스트로겐과 프로게스테론이 정지되어 젖샘자극호르몬 기능이 정상적으로 작용하므로 젖을 분비하게 된다.

그러나 산모가 어린 아기에게 수유를 하지 않으면 젖샘자극호르몬 분비가 감소하며, 어린 아기에게 수유를 하게 되면 젖샘자극호르몬의 분비가 증가되어 젖 분비를 촉진된다. 수유 중에는 젖샘자극호르몬 분비가 증가되고 있어서 난소주기가 억제되어 생식샘자극호르몬의 분비가 억제되므로 배란이 지연된다. 남성에서 젖샘자극호르몬 역할은 밝혀져 있지 않지만 여러 종류의 스트레스는 남녀 모두에게 젖샘자극호르몬 분비를 증가시킨다. 시상하부는 젖샘자극호르몬 억제인자와 최유호르몬 방출인자를 생산하고 뇌하수체로 분비하여 억제인자에 의해 젖샘자극호르몬 분비를 주로 조절한다.

③ 부신겉질자극호르몬(adrenal-corticotrophic hormone; ACTH)

부신겉질자극호르몬(ACTH)은 33개의 아미노산으로 구성된 단백질로 부신겉질의 정상적인 성장과 발달을 촉진하고 부신겉질에 있는 샘세포를 자극하여 부신겉질에서 여러 가지 호르몬 분비를 촉진시키며, 특히 당류코르티코이드(glucocorticoids)와 부신의 분비를 촉진시킨다. ACTH는 일차적으로는 시상하부에서 ACTH 유리인자가 형성되고 이 물질이 시상하부-뇌하수체 문맥계를 거쳐서 앞엽에 작용함으로써 분비된다. 인체가 스트레스를 받으면 시상하부-뇌하수체-부신겉질계가 활성화됨으로써 당류코르티코이드의 분비가 항진되어 신체장애를 최소한으로 줄인다.

④ 갑상샘자극호르몬(thyroid-stimulating hormone; TSH)

갑상샘자극호르몬(TSH)은 당단백질(glucoprotein)로 갑상샘을 자극하여 갑상샘호르몬인 티록신(thyroxin)의 합성 및 분비를 촉진시킨다. 갑상샘자극호르몬 분비가 증가되면 갑상샘 조직 내의 혈관분포가 풍부해지며 상피세포의 분열과 수가 많아지면서 갑상샘호르몬의 분비가 촉진된다. 반면에 갑상샘자극호르몬 분비가 억제되면 티록신(thyroxin) 분비가 억제되는 것은 물론이고, 갑상샘 자체도 억제된다.

모발 및 피부에 미치는 영향으로는 기능이 저하되면 모발과 피부가 건조해져 모발은 가늘어지고 건조모가 되며, 탈모, 점액수종의 질병을 초래한다. 한편, 기능이 항진되면 모발의 발육이 양호해지지만 지나치게 항진되면 바세도우병을 유발하며, 탈모를 일으키게 된다.

⑤ 난포자극호르몬(follicle stimulating hormone; FSH)

난포자극호르몬은 당단백질로 여성에서 난소 내 세포의 활동과 세포의 성숙을 촉진하고 난자의 성숙을 일으키는 역할을 한다. 또한 난소를 자극하여 여성호르몬인 에스트로겐의 분비를 촉진시켜 여성의 성적 특성이 나타나도록 한다. 남성의 경우 사춘기에 정세관 내의 지지세포에 작용하여 정자의 성숙과 형성을 촉진한다. 난포자극호르몬의 분비조절은 시상하부의 난포자극호르몬 방출인자에 의하여 이루어진다.

⑥ 황체형성호르몬(luteinzing hormone; LH)

황체형성호르몬은 황체의 형성을 촉진하여 여성의 난포자극호르몬에 의해 성숙한 포상난포의 배란을 촉진시키는 호르몬으로, 배란된 후 황체를 형성할 때 황체 형성을 촉진하며 황체의 내분비작용을 유지시켜 프로게스트론의 분비를 촉진시킨다. 남성에서 황체형성호르몬은 고환의 간질세포를 자극하여 남성호르몬인 안드로겐(androgen, testosterone)의 분비를 촉진시키는 역할을 한다.

⑦ 멜라닌세포자극호르몬(melanocyte stimulating hormone; MSH)

멜라닌세포자극호르몬은 피부의 표피에 있는 멜라닌세포에 작용하여 그 세포로 하여금 멜라닌 색소 형성을 촉진시킨다. 많이 형성되면 피부가 검게 변하는 흑피증이 유발된다.

(2) 뇌하수체뒤엽 호르몬(posterior pituitary hormone)

뇌하수체뒤엽에서는 분만촉진호르몬과 항이뇨호르몬 등 두 가지 호르몬이 분비된다.

① 분만촉진호르몬(oxytocin, OT)

분만촉진호르몬은 9개의 아미노산으로 형성된 펩티드 형태로, 출산할 때와 모유를 먹이는 여성에게만 많이 분비되는데 산모가 아기에게 수유할 때와 분만할 때에는 자궁의 민무늬근육을 수축시킴으로써 분만을 촉진하는 작용을 한다.

실제로 분만 시에 합성된 분만촉진호르몬을 정맥 내로 주입함으로써 분만을 유도시키고 있다. 또한 분만 후에는 자궁을 수축시켜 자궁 출혈을 방지한다. 따라서 임신 후반기에 분비가 증가되고, 출산 시에 다량으로 분비된다.

또한 분만촉진호르몬은 젖의 배출작용도 하는데, 다음과 같은 작용에 의해서이다. 젖은 유방의 선세포에서 분비되는 선포(alveoli) 내에 저장되는데, 이 선포벽의 근상피세포(myoepithelial cells)가 oxytocin의 작용으로 수축하게 되므로 젖이 용이하게 배출된다. 아이가 젖꼭지를 빨면 흥분이 발생하고 이 흥분이 시상하부에 전도되며, 이 전도가 뇌하수체 줄기를 따라서 뇌하수체뒤엽에 작용하여 분만촉진호르몬을 분비시킨다.

분비된 분만촉진호르몬은 혈액을 통해 뇌하수체앞엽으로 가서 젖샘자극호르몬의 분비를 자극하는 것으로 알려져 있다. 그리고 공포, 불안, 동통과 같은 정서자극은 교감신경을 활성화시켜 분만촉진호르몬의 분비를 감소시킨다.

② 항이뇨호르몬(antidiuretic hormone; ADH)

항이뇨호르몬은 9개의 아미노산으로 형성된 펩티드로, 콩팥의 세뇨관과 집합세관에서 수분의 재흡수를 촉진하고 이뇨를 억제시키는 역할을 한다. 체액의 삼투압이 증가하면 시상하부에 있는 삼투감수체가 흥분하고 그로 인하여 신경흥분이 뇌하수체뒤엽에 이르러 항이뇨호르몬의 분비를 촉진한다. 반대로 항이뇨호르몬의 분비가 감소하면 콩팥에서 수분의 재흡수가 감소하므로 소변량이 현저히 증가하여 요붕증(diabetes insipidus)이 발생된다. 또한 과량의 물을 섭취하게 되면 체액이 희석되면서 항이뇨호르몬의 분비를 하게 되며 그로 인하여 콩팥은 체액의 농도가 정상에 도달할 때까지 더 많은 소변을 배출하게 된다.

2) 갑상샘(thyroid gland)

갑상샘은 목 앞쪽에 있는 갑상연골 부위의 나비 모양으로 된 내분비샘으로 사람의 내분비샘 중 가장 큰 적갈색의 분비샘이며 무게가 약 15~25g 정도 되고 갑상샘호르몬(thyroid hormone)과 칼시토닌(calcitonin) 등 두 가지 호르몬이 분비된다.

(1) 갑상샘호르몬(thyroid gland hormone)

해조류에 많이 함유된 요오드는 인체에 흡수되고 혈액을 통해 운반되어 갑상샘에 도달하면 갑상샘 소포의 샘세포가 이것을 능동적으로 세포 내로 끌어들여서 갑상샘 호르몬을 생성한다. 생성된 갑상샘호르몬은 단백질과 결합된 형태로 저장되며, 분비할 때는 결합되어 있는 단백질과 분리되어 혈액 속으로 들어간다. 갑상샘호르몬의 주요 작용은 다음과 같다.

- 탄수화물, 단백질, 지방 등 물질의 대사를 촉진하는 작용으로 글리코겐 분해를 촉진시켜 혈당 상승을 가져오고, 인슐린 감수성도 상승시켜 포도당 이용을 증가시키며, 효소단백질의 조절 및 성장기의 단백질 합성에 관여하고, 지방질의 합성과 분해를 동시에 촉진한다.
- 열량 생산, 산소 소비를 증가시킨다. 갑상샘호르몬이 전혀 없으면 신진대사율이 약 1/2로 떨어지고, 반대로 과잉이면 신진대사율이 2배로 증가한다.
- 발육, 성장 특히 뼈, 치아, 골격근 발육을 촉진한다.
- 자율신경 중에서 교감신경계의 활동을 항진시키며 그로 인하여 심박수의 증가와 땀의 분비를 항진시킨다.
- 지능 발달을 촉진하고 정신기능을 자극한다.
- 쓸개즙에서 콜레스테롤의 배출을 촉진한다.

① 갑상샘 기능저하

갑상샘 호르몬의 분비가 저하되면 어린이는 대사율 저하, 정신적 · 신체적 및 성적 발육부진의 증상을 갖는 크레틴병(creatinism)에 걸리고, 성인의 경우는 대사율 저하, 체중 감소, 피부가 건조되고 전신적으로 붓는 점액수종(myxedema)을 나타낸다. 또한 정신적으로 매우 둔감하고 무감동적이며, 심장의 박동이 느려지고 피부온도가 낮아 싸늘한 느낌을 주며 모발과 피부가 건조해지고 탈모현상이 나타난다.

② 갑상샘 기능항진

갑상샘이 비대해져서 갑상샘 호르몬의 분비가 과잉이 되면 피부가 붉게 달아오르며 땀이 많이 나게 되고 피부가 촉촉해진다. 또한 심박수가 빨라지고 감정이 불안정해지며 정신적으로 자주 흥분하는 그레이브스병(Graves' disease)에 걸리게 되며, 안구가 돌출하고 빠른맥(빈맥)현상이 나타나는 바세도우병에 걸리게 된다. 갑상샘호르몬은 대사작용에 관여하게 되는데 과다 분비하면 기초대사가 증가하여 식욕이 왕성하게 되어 음식물을 많이 먹어도 체중이 감소하는 현상이 발생하기도 한다.

(2) 칼시토닌(calcitonin)

칼시토닌 또는 티로칼시토닌은 32개의 아미노산으로 구성되어 있으며 표적기관은 뼈조직으로, 칼슘이 뼈조직에 저장되도록 하여 혈액 내의 칼슘 농도를 감소시키는 작용을 한다. 즉, 칼시토닌이 혈액에서 뼈조직으로 칼슘의 이동을 촉진하여 조골세포의 활성도를 증가시킴으로써 칼슘이온의 유리를 억제하여 혈액 내 칼슘이온 농도를 감소시키는 작용을 한다.

칼시토닌의 분비는 혈액 내의 칼슘이온 농도에 의해 조절되는데, 즉 혈중 칼슘이온 농도가 낮아지면 칼시토닌 분비가 억제된다. 이러한 칼시토닌에 길항적으로 작용하여 혈중 칼슘이온 농도를 일정하게 유지하는 데 기여하는 호르몬은 부갑상샘호르몬으로, 혈중 칼슘이온 농도가 감소하면 부갑상샘호르몬이 분비되어 칼슘이온 농도를 증가시킨다.

3) 부갑상샘(parathyroid gland)

부갑상샘(parathyroid gland)은 갑상샘 뒷면의 아래위에 각각 한 쌍씩 모두 4개가 있으며 0.2~0.5g 정도로 황갈색을 띠고 있다. 부갑상샘에서는 일명 파라트호르몬(parathormone; PTH)이라고 하는 부갑상샘호르몬이 분비된다. 파라트호르몬은 화학적으로 폴리펩티드이다.

파라트호르몬은 혈장 내의 칼슘 농도를 높이는 작용을 한다. 혈장 내의 칼슘 농도는 항상 일정하게 조정되어 있으며 이는 적당량의 파라트호르몬과 칼시토닌의 계속적인 분비에 의해서 조절되고 있기 때문이다.

이러한 기능은 비타민 D에 의하여 더욱 촉진된다. 비타민 D는 구루병을 예방하는 작용이 있는 비타민으로, 생선의 간에 많이 들어 있다. 이것을 식이성 비타민 D라 한다. 비타민 D는 부갑상샘호르몬과 협동하여 뼈의 칼슘을 혈장 내로 동원하여 혈장의 칼슘 농도를 높이는 작용을 하며 장관이나 신장에 대해서는 칼슘의 흡수를 촉진한다. 이것은 혈장 내 칼슘의 농도를 일정하게 유지하는 작용이라고 할 수 있다.

(1) 파라트호르몬의 과소분비

파라트호르몬이 감소하면 혈중의 칼슘 농도가 점차 감소하며 정상치의 1/2 정도가 되었을 경우에는 근육에 경련이 일어난다. 이것을 부갑상샘성 테타니라 한다.

테타니(tetany)는 소아나 임산부에서 일어나기 쉽다. 테타니즘 환자는 경련이 일어날 때 손이 특징적인 모습을 나타낸다. 경련이 심해지면 질식이 일어나서 사망할 수도 있다.

(2) 파라트호르몬의 과다분비

파라트호르몬이 과다분비되면 뼈 속의 칼슘이 혈액 내로 유리되어 혈중 칼슘 농도의 이상 증가로 인하여 뼈는 연화되므로 부러지기 쉽게 되며, 특히 여성의 연령이 증가할수록 뼈조직으로부터 칼슘이온이 빠져나와 골다공증의 발병률이 높아지게 된다.

4) 이자(췌장, pancreas)

이자는 위의 뒷부분에 위치하고 대부분 소화액을 분비하는 외분비샘과 그 속에 흩어져 있는 랑게르한스섬이라는 내분비샘을 가지고 있다. 랑게르한스섬은 직경 약 100㎛ 정도 되는 공 모양의 세포 덩어리로 이자 속에 α, β, δ세포라는 3종의 과립세포로 구성되어 있다. α세포는 약 20%를 차지하며 β세포는 75%를 차지한다. α세포에서 분비되는 호르몬을 글루카곤(glucagon)을, β세포에서 분비되는 호르몬을 인슐린(insulin)이라고 하며, 이들 두 가지 모두 혈액 내에서 당분량을 조절해 주는 역할을 한다. δ세포(5%)에서는 소마토스타틴(somatostantin)이라는 호르몬을 분비하는데 이는 인슐린, 글루카곤, 가스트린 등의 분비를 억제한다.

(1) 인슐린(insulin)

인슐린은 랑게르한스섬의 β세포에서 분비되는 단백질성 호르몬으로 탄수화물 대사와 관계가 있으며 포도당을 세포 내로 운반시켜 혈당 농도를 저하시키는 작용을 한다. 인슐린은 거의 모든 세포에 대하여 작용하며 원형질막을 가로질러 포도당을 수송하는 능력을 증가시키고 있다. 또 근육조직에서는 혈액 내의 포도당을 세포 내로 끌어들여서 해당이나 호흡에 이용하는 반응을 촉진하며, 당질을 지질로 변화시켜 저장하는 반응 및 단백질의 합성도 촉진한다. 또한 세포막의 안정막전압을 증가시켜 세포 내의 칼륨이온 농도를 높임으로써 세포외액 내의 칼륨 농도를 낮추는 역할을 한다. 인슐린이 부족하면 혈당 농도가 비정상적으로 높아지며, 콩팥세관세포가 그 만큼 빨리 재흡수하지 못하여 당이 소변으로 들어가게 된다. 이와 같이 당이 요중으로 나와 있는 상태를 당뇨병이라 한다. 당뇨현상이 있으면 포도당이 신체 밖으로 빠져나오면서 물도 함께 빠져나오므로 갈증을 느끼게 되며, 포도당이 부족하여 신체에서는 새로운 에너지를 요구하게 되므로 식욕이 왕성해지게 된다. 또한 단백질의 부족으로 몸이 쉽게 피로해지고 여러 가지 질병에 대한 저항성이 낮아진다. 인슐린의 분비는 포도당의 농도에 의해 좌우되며 교감신경과 아드레날린계의 길항적 작용에 의해 조절된다.

(2) 글루카곤(glucagon)

글루카곤은 이자의 α세포에서 분비되는 호르몬이며 29개의 아미노산으로 구성된 펩티드로, 글루카곤의 역할은 인슐린에 대해 길항작용으로 혈당 농도를 높이는 작용이다. 글루카곤은 혈당 농도가 낮아지면 간을 자극하여 간에 저장되어 있는 글리코겐을 포도당으로 분해시켜 혈당 농도를 정상으로 조절하도록 한다.

(3) 소마토스타틴(somatostantin)

소마토스타틴은 이자의 δ세포에서 분비되는 호르몬으로, 정확히 밝혀지지는 않지만 α세포 및 β세포의 분비기능을 억제 또는 조절하는 것으로 알려져 있다.

5) 부신(adrenal gland)

부신(adrenal gland)은 콩팥 양쪽 위에 얹혀 있는 모자 모양으로 놓여 있는 삼각형의 내분비샘으로 무게는 약 10g이다. 부신은 표층 겉질의 샘조직과 속질의 신경조직으로 구성되며, 구조적으로나 발생학적으로 전혀 다른 조직으로 구성되어 있다. 겉질(cortex)은 중배엽의 세포에서 발생하고, 속질(medulla)은 외배엽성 자율신경 중에서 교감신경의 신경절 이후 신경세포에서 발생하며 각각 상이한 호르몬을 분비한다.

(1) 부신겉질(adrenal cortex)

부신겉질은 바깥층부터 토리층(사구대), 다발층(속상대), 그물층(망상대)의 3층으로 되어 있고 각각 다른 기능의 호르몬을 분비하며, 스테로이드의 구조를 가지고 있다.

토리층에서는 염류코르티코이드(mineralocorticoids) 호르몬을 다발층에서는 당류코르티코이드(glucocorticoid) 호르몬을, 그물층에서는 부신성 안드로겐(adrenal androgen) 호르몬을 분비한다. 그 중에서 부신성 안드로겐은 분비되는 양이 적기 때문에 생리적으로 큰 의미가 없다. 따라서 부신성 안드로겐은 부신겉질 특유의 호르몬이라 볼 수 없으며 나머지 두 가지, 즉 염류코르티코이드와 당류코르티코이드만을 부신겉질호르몬으로 인정하고 있다.

① 염류코르티코이드(mineralocorticoids)

염류코르티코이드의 토리층에서 분비되는 호르몬으로 알도스테론(aldosteron)이 대표적이며, 그 외에 코르티코스테론(corticosteron)과 디옥시코르티코스테론(dioxycorticosteron) 등이 있다. 주요 기능으로는 콩팥의 세뇨관에서 콩팥을 자극하여 Na^+ 흡수와 K^+ 분비를 촉진하고 혈장 내의 Na^+ 농도와 K^+ 농도를 일정하게 유지시키며, 또한 Na^+의 흡수와 교환에 수소이온의 분비도 있으므로 체내의 정상 산도를 조절하는 작용도 한다.

알도스테론의 분비가 비정상적으로 증가하면 혈장 내의 Na^+ 농도가 높아지며, Na^+은 수분을 동반하는 성질이 있으므로 Na^+ 농도가 증가하면 혈액량이 증가하여 혈압이 비정상으로 높아지므로 고혈압이 되는 알도스테론증(aldosteronism)이 발생하게 된다.

② 당류코르티코이드(glucocorticoids)

당류코르티코이드는 다발층에서 분비되는 호르몬으로 중요한 것은 코티손

(cortisone)과 코티솔(cortisol)이며 주요 작용은 다음과 같다.

- 간세포를 제외한 모든 세포에서 지방과 단백질을 포도당으로 전환하는 당 신생작용을 한다. 이 호르몬이 비정상적으로 증가하면 당뇨가 된다.
- 혈액 내 포도당 수준을 증가시킴으로써 세포의 대사를 촉진하며, 스트레스 방어에 관여하기도 한다.
- 염증반응의 출현을 억제하는 항 염증작용이 있으므로 여러 가지 염증, 특히 류마티스성 질환을 치료하는 데 사용된다.
- 위액의 산 및 pepsin의 분비를 촉진하고 점액의 분비를 조절하므로 위 점막의 소화액에 대한 저항성을 감소시킨다.

③ 부신성 안드로겐(adrenal androgen)

부신성 안드로겐은 부신겉질에서 분비되는 남성호르몬이며 여성에게도 분비된다. 정상인에서 분비되는 양은 극히 적기 때문에 생리적 작용은 미약하다. 그러나 부신성 안드로겐이 여성에게서 다량으로 분비되는 질환이 발생하면 남성화된 체형, 다모증 등이 나타날 수도 있다.

태생기에 부신겉질에 이상이 생겨서 부신성 안드로겐이 다량 분비되면, 그 호르몬의 영향으로 여아의 외부생식기가 여성답지 않은 상태가 될 때가 있다. 이것을 부신성기증후군이라 한다.

(2) 부신속질(adrenal medulla)

부신속질은 뇌하수체뒤엽처럼 신경조직 겉질에서 발생하며, 분비되는 호르몬으로는 아드레날린(adrenaline, 에피네프린; epinephrine)과 노르아드레날린(noradrenaline, 노르에피네프린; epinephrine)이다. 사람의 부신속질에서는 약 4 : 1의 비율로 아드레날린이 더 많이 분비된다. 이 두 호르몬은 화학구조가 비슷하고 둘 다 카테콜기를 가지고 있으며, 카테콜기를 가진 아민을 통틀어서 카테콜아민(catecholamine)이라 부른다.

아드레날린과 노르아드레날린의 주요 작용은 다음과 같다.

- 심박출량 증가와 말초에서의 혈관수축을 통하여 혈압을 상승시킨다.
- 호흡률을 증가시키고 기도를 확장한다.
- 근육수축의 효율을 높여 준다.
- 자율신경 중에서 교감신경의 효과를 증가시킨다.
- 당원으로부터 포도당으로 분해를 촉진시켜 혈당 농도를 상승시킨다.
- 지방으로부터 지방산 분해를 촉진시킨다.

- 소화관의 운동과 소화샘의 분비를 억제한다.

6) 난소(ovary)

난소(ovary)는 골반 안에 있으며 자궁넓은인대에 부착되어 있으며 난자를 형성하는 생식샘으로 난포호르몬과 황체호르몬을 분비하는 내분비샘이다. 이 두 호르몬을 여성호르몬 또는 난소호르몬이라 부른다.

여성호르몬은 머리카락의 생성을 촉진시키고 체모의 발육을 저하시키는 작용을 하며, 부족 시에는 여성의 남성화, 피부노화, 모발의 윤기를 감소시키는 현상을 초래한다.

(1) 난포호르몬(estrogen)

난포호르몬은 포상난포에서 생산되는 스테로이드호르몬으로, 난포호르몬의 생성 및 분비는 샘뇌하수체의 난포자극호르몬(FSH)에 의해서 조절되고 있으며, 난포자극호르몬의 분비가 증가하면 난포호르몬의 생성 및 분비도 증가한다. 난포호르몬은 다음과 같은 작용을 한다.

- 난포를 자극하여 난자의 성숙을 촉진시킨다.
- 여성의 생식기관을 성숙시켜 여성의 이차성징을 발달시켜 준다.
- 자궁의 상피세포를 증식시켜 자궁내막의 재생과 자궁경부내 점액 분비를 촉진시킨다.
- 음모, 겨드랑이 털을 나게 하고 젖샘의 발달, 자궁근육의 비대와 자궁점막의 증식을 촉진시킨다.
- 배란을 촉진하고 월경 초기 자궁내막 상피를 각질화시킨다.
- 젖샘관을 발달시키고 유방이 성숙하도록 한다.

(2) 황체호르몬(progesteron)

황체호르몬, 즉 프로게스테론(progesteron)은 황체에서 분비되는 호르몬으로 월경주기 중에서 분비기에만 분비되며, 황체에서는 에스트로겐과 프로게스테론을 분비하지만 주로 프로게스테론을 분비한다.

황체호르몬은 다음과 같은 작용을 한다.

- 수정된 난자가 자궁에 착상하여 발육될 수 있도록 임신 상태를 유지시킨다.
- 자궁점막의 점액분비를 촉진하여 착상을 쉽게 하도록 한다.
- 자궁근육의 운동을 억제하여 착상된 수정란을 보호한다.

- 배란을 억제하여 임신이 끝날 때까지 분비를 지속하도록 한다.
- 젖샘세포의 발육을 촉진하여 젖 분비를 촉진시킨다.
- 체온을 약간 상승시키는 작용이 있어 기초체온을 상승시키므로 기초체온을 측정하여 배란기를 판별할 수 있다.
- 배란을 억제하는 작용이 있어 이것을 투약하면 배란이 억제되는 피임효과가 있으므로, 황체호르몬과 비슷한 작용을 나타내는 화학적 합성물질을 경구용 피임제로 사용되고 있다.

7) 고환(testis)

고환은 생식세포를 만드는 생식샘으로, 외분비샘인 동시에 호르몬을 분비하는 내분비샘이다. 고환에서는 남성호르몬인 안드로겐을 주로 생산하며, 지지세포에서 고환에스트로겐이 극소량 분비되고 있다.

(1) 안드로겐(androgen)

안드로겐은 화학적으로 스테로이드 구조이며, 주된 호르몬은 테스토스테론(testosteron)으로 간질세포에서 분비되며 다음과 같은 작용을 한다.

- 목소리가 굵어지고 수염이 나게 하며, 남성다운 체형과 근육을 발달시켜 준다.
- 사춘기 남성 생식기관의 성장을 촉진시켜 남성다운 특징을 나타나게 한다.
- 생식기의 색소침착과 몸 전체에 작용해서 얼굴, 겨드랑이, 가슴, 음부 등에 털이 나게 한다.
- 단백질의 합성을 촉진하고 분해를 저해시켜 근육의 성장을 촉진한다.
- 뼈의 성장을 촉진하지만 긴뼈에 대해서는 오히려 뼈끝에 연골이 증식되는 것을 억제하고, 뼈발생을 촉진하여 긴뼈가 너무 길어지지 않도록 조절한다.

테스토스테론의 분비량은 샘뇌하수체의 간질세포자극호르몬에 의해서 조절되고 있으며, 간질세포자극호르몬의 분비가 증가하면 테스토스테론의 생성과 분비도 증가한다.

(2) 고환에스트로겐

고환의 지지세포에서 분비되는 이 호르몬은 난소에서 분비되고 있는 난포호르몬과 같은 것이지만 분비량은 극히 적다.

8) 태반(placenta)

태반(placenta)은 임신기간 동안 모체와 태아 사이의 물질교환 장소인 동시에, 각종 호르몬을 분비하는 내분비샘이다. 태반에서는 스테로이드 성분인 난포호르몬, 황체호르몬과 융모생식샘자극호르몬, 융모성 젖샘자극호르몬 등이 분비되고 있다. 태반의 황체호르몬은 자궁벽의 혈관 및 샘을 증식시키므로 임신 유지에 중요한 역할을 하고 있다. 또한 난포호르몬은 자궁점막을 성장시키고 젖샘조직을 발달하도록 한다. 태반에서 분비되는 황체호르몬은 태반의 융모세포에서 분비되므로 사람융모생식샘자극호르몬이라 하며, 특히 임신 초기에 다량으로 분비된다. 융모성 젖샘자극호르몬은 당 대사에 관여하여 태아의 성장에 관여하지만 인슐린을 파괴하여 임산부의 당뇨병을 일으키기도 한다.

9) 소화관 호르몬

소화관의 활동을 촉진하거나 억제하는 호르몬이 소화관점막의 특수한 세포에서 분비되고 있다. 이것을 소화관 호르몬이라 한다.

(1) 세크레틴(secretin)

부분적으로 수화된 단백질 및 염산에 의해 장점막에서 분비되며, 이자에 작용하여 HCO_3^- 이온을 많이 함유한 이자액의 분비를 촉진하는 호르몬이 십이지장점막에서 혈중으로 분비되는데, 이 호르몬을 세크레틴이라 한다. 산성의 위 내용물이 십이지장으로 운반되었을 때 그 산성이 십이지장점막을 자극하면 세크레틴이 분비된다. 세크레틴에 의해서 분비가 촉진되는 체액은 HCO_3^- 이온의 함량이 많으므로 산성 내용물을 중화하여 소장의 소화효소가 작용하기에 적합한 약알칼리 환경을 만드는 데 중요한 역할을 하고 있다.

(2) 가스트린(gastrin)

위 바닥부분의 산 분비에 작용하여 위산 분비를 촉진하는 작용을 하는 호르몬이 유문부의 점막세포에서 혈액 내로 분비되고 있는데, 이 호르몬을 가스트린이라 한다. 유문부에 자극이 가해지면 가스트린의 분비가 일어나며 펩신 및 산도 높은 위산 분비가 촉진되어 소화를 촉진시킨다.

(3) 콜레시스토키닌과 판크레오자이민

음식물이 십이지장으로 내려오면, 그것이 자극이 되어 십이지장점막으로부터 쓸개를 수축시켜 쓸개즙 배출을 촉진시키는 역할을 하는 호르몬인 콜레시스토키닌(cholecystokinin)이 분비된다. 동시에 이자로부터 소화효소가 많고 HCO_3^- 이온이 적고 농도가 높은 이자액 분비를 촉진하는 호르몬도 분비되는데, 이것을 판크레오자이민(pancreoxymin)이라고 한다. 쓸개의 수축은 쓸개즙을 분비시키므로 이 호르몬의 작용도 소화작용 촉진에 관여한다.

(4) 기타

위 억제 폴리펩티드(gastric inhibitory polypeptid; GIP)는 위의 염산분비를 억제하는 호르몬이고, 모틸린(motilin)은 위나 소장의 운동을 촉진하는 호르몬이며, 맥관활성 내장 폴리펩티드(vasoactive intestinal polypeptide; VIP)는 소화관의 운동을 억제하는 작용과 혈압을 낮추는 작용이 있는 호르몬이다.

[표 3-2] 모발과 관련된 호르몬의 영향

호르몬	주요 기능	피부와 모발에 미치는 영향
뇌하수체	신체 성장 다른 호르몬 분비 촉진 및 억제	• 과잉분비 시 모발의 성장이 촉진되나 피부가 거칠어짐 • 과소분비 시 탈모유발 및 피부노화
갑상샘	신체의 대사작용	• 모낭 활동을 촉진시키고 휴지기에서 생장기로 전환을 유도 • 과잉분비 시 피부가 붉게 달아오르며 땀이 많이 나 촉촉하고 바세도우병과 같은 증상 발생과 탈모 촉진 • 과소분비 시 모발은 건조해지고 가늘어지면서 퇴화하여 탈모 발생
부갑상샘	혈액 내의 칼슘농도 조절	• 과잉분비 시 칼슘 농도의 이상 증가로 뼈는 연화되고, 골다공증 발생 우려 • 과소분비 시 칼슘 농도가 점차 감소하여 비정상적인 케라틴 생성으로 모발 및 손톱, 발톱 등에 질환 발생
부신	신체 영양소 사용에 직접적 영향	여성에게 다량으로 분비되면 체형이 남성화, 다모증 발생 우려
인슐린	혈액 내의 당 농도를 조절	부족 시 혈액 내 당 농도 증가로 당뇨 발생
안드로겐	정자생성 촉진 남성으로의 성징 발현	• 머리카락의 성장을 억제 • 수염 등 체모의 성장 촉진
에스트로겐	난소를 자극하여 난자 생성 여성으로의 특징 발현	• 머리카락의 성장을 촉진 • 체모의 성장 억제

연습문제

1. 모발의 성장주기를 순서대로 열거하시오.

2. 모발 전체가 성장하는 기간으로 모유두에 있는 모모세포가 신속하게 유사분열을 진행시켜 신체의 어느 세포보다 빠르게 모발을 생산하는 단계는?

3. 전체 모발의 모유두가 위축되고 모낭도 차츰 위축되어 모근이 위쪽으로 밀려 올라감에 따라 빠지기 쉬운 모발상태가 되는 시기는?

4. 헤어 사이클 중 성장기가 끝나고 모발의 형태를 유지하면서 대사과정이 느려지는 시기는?

5. 모발의 수명은?

6. 황인종의 모발의 수는?

7. 모발의 1개월간 성장 길이는?

8. 몸을 구성하는 영양소는 무엇인가?

9. 인체의 기능을 조절하는 영양소는 무엇인가?

10. 탄수화물의 최종 분해산물은 무엇인가?

11. 단백질을 구성하는 기본 물질은 무엇인가?

12. 지용성 비타민의 종류와 그 특징에 대하여 기술하시오.

13. 유일하게 피부 표면에서 합성되는 비타민으로 탈모 후 모발 재생에 효과가 있는 비타민은?

14. 모발을 구성하고 있는 케라틴 중에 제일 많이 함유하고 있는 아미노산은?

15. 적혈구 속의 헤모글로빈에 함유되어 있고 산소 운반에 중요한 구실을 하는 무기질은?

16. 조혈작용을 하는 비타민은 무엇인가?

17. 리보플라빈이라고도 하며 지루성 피부염 등을 예방해 주는 것은?

18. 갑상샘 기능의 항진과 저하에 관여하며 결핍 시 탈모를 진행시키고 해초류에 많이 들어 있는 무기질은?

19. 생체 내 여러 분비기관에서 생성되며 혈액과 체액을 통하여 표적세포로 운반되면서 특수한 생리작용을 나타내는 물질을 무엇이라 하는가?

20. 두발의 성장을 억제하고 체모의 성장과 피지분비를 촉진하는 호르몬은?

21. 모발의 주기와 관련한 설명으로 옳지 않은 것은?

① 다음 휴지기 단계가 돌아올 때까지 휴지기의 수명은 8~9개월이다.
② 휴지기 모발은 전체 모발의 11% 정도이다.
③ 휴지기 단계 모발은 강한 빗질만으로도 쉽게 제거된다.
④ 퇴행기의 수명은 2~3주이며, 전체 모발의 1%를 차지한다.

22. 모발의 일반적인 성향으로 틀린 것은?

① 밀도 : 모발색이 밝을수록 평균밀도 수치가 높다.
② 수명 : 여성 4~6년, 남성 3~5년
③ 기온이 시원할 때 모발 성장이 빠른 편이다.
④ 기온이 따뜻할 때 모발 성장이 빠른 편이다.

23. 아연에 대한 설명으로 가장 알맞은 설명은?

① 흰머리 예방 및 모발의 성장 촉진
② 스트레스 예방
③ 모발건조 방지
④ 비듬 방지

24. 모발 성장에 영향을 주는 요인이 아닌 것은?

① 병적 요인
② 호르몬에 의한 요인
③ 유전적인 요인
④ 기후에 의한 요인

25. 어린이는 성장이 늦어지고 어른은 체중의 손실을 가져올 수 있는 영양소는?

① 지방
② 아스코르빈산
③ 단백질
④ 나이아신

26. 지방에 대한 설명으로 옳은 것은?

① 피하근육 사이, 내장 주위에 저장되어 있어 신체 곡선미를 나타내 준다.
② 소장에서 아미노산 형태로 흡수된다.
③ 주 식품은 달걀, 우유, 생선이 속한다.
④ 당질로서 곡류, 감자류, 설탕류 등의 주성분이다.

27. 모발의 영양 공급에서 가장 중요한 것은?

① 당분의 공급
② 단백질의 공급
③ 지방분의 공급
④ 섬유질의 공급

28. 비타민 C의 기능을 설명한 것 중 틀린 것은?

① 멜라닌 색소의 증식 억제
② 알레르기성 피부에 역효과
③ 모세혈관벽을 강화
④ 콜라겐 생합성 조절에 관여

29. 부족 시 혈관이 부서지기 쉽고, 갑상샘 기능 저하, 모발이상 등의 결핍 증상이 나타날 수 있는 것은?

① 구리
② 망간
③ 칼슘
④ 요오드

30. 칼슘에 대한 설명으로 옳은 것은?

① 부족 시 뼈와 치아의 쇠퇴 및 발육 불량이 나타난다.
② 근육 및 신경의 자극 전도, 삼투압 조절에 작용한다.
③ 체내의 삼투압을 조절한다.
④ 인체의 생리기능 조절에 중요한 역할을 한다.

31. 과잉 시에는 모낭에 염증을 유발하고 결핍 시에는 모공각화증을 유발하는 비타민의 종류는 무엇인가?

① Vit. A
② Vit. B_6
③ Vit. D
④ Vit. C

32. 단백질의 결핍증이라 볼 수 없는 것은 무엇인가?

① 부종 ② 발육정지 ③ 빈혈 ④ 출혈

33. 다음 중 단백질의 역할을 설명한 것으로 옳은 것은?

① 에너지를 발생하지 않으나 생물의 기능 유지에 꼭 필요하다.
② 포만감과 신경 및 혈관을 보호한다.
③ 파괴된 조직을 수선하여 새로운 조직을 형성한다.
④ 탄수화물 대사과정에 중요한 역할을 담당한다.

34. 마그네슘의 역할로 옳은 것은?

① 호흡근 조절 ② 몸속의 산화작용 촉진
③ 동물의 털 색 조절 ④ 체액의 알칼리성 유지

35. 요오드가 체내에서 하는 작용은 무엇인가?

① 체액의 삼투압 조절 ② 티록신 생산
③ 소화액의 분비 촉진 ④ 신경의 자극 전달

36. 적혈구 속의 헤모글로빈에 함유되어 있고 산소 운반에 중요한 구실을 하는 무기질은?

① 나트륨 ② 식염 ③ 마그네슘 ④ 철분

37. 다음 중 S 함유 아미노산이 아닌 것은?

① 시스테인 ② 시스틴 ③ 글리신 ④ 메칠오닌

38. **부갑상샘호르몬의 기능은?**

① 성장 정체 현상 ② 칼슘 대사에 중요한 조절기능
③ 안드로겐 분비 ④ 물과 전해질의 균형 조절기능

39. **뼈의 유조직의 성장을 자극하며 단백질과 지방, 탄수화물의 대사에 영향을 주는 호르몬은?**

① 성호르몬 ② 성장호르몬 ③ 갑상샘호르몬 ④ 부신겉질호르몬

40. **갑상샘에서 분비되는 호르몬은?**

① 인슐린 ② 에스트로겐 ③ 티록신 ④ 테스토스테론

제 4 장

모발의 화학적 특성

1 모발의 구성물질

모발은 18종의 아미노산에 의해 형성된 케라틴이라는 단백질이 기본 구성 성분이다. 모발의 특성을 알아보기 위해 모발의 구성성분인 아미노산을 형성하는 원소를 중심으로 결합구조, 종류와 물질적 특성을 알아야 한다. 이러한 기본지식을 알기 위해서는 모발을 구성하는 물질의 기본이 되는 원자, 분자와 이들의 화학결합에 대하여 알고 있어야 모발을 스타일링하기 위한 퍼머넌트 웨이브, 염색 및 탈색, 세팅과정과 모발에 사용되는 제품이 모발에 어떠한 결합을 하고 어떠한 영향을 미치게 되는지 알 수 있게 될 것이다.

1) 원자와 분자

원자(atom)란 물질을 쪼개어 갈 때 더 이상 쪼개지지 않는 가장 작은 입자를 말하며, 이 세상에 존재하는 모든 물질은 원자라는 작은 입자로 이루어져 있다. 예를 들어 모발은 케라틴이라는 단백질로 이루어져 있고, 이들은 18종의 아미노산으로 구성되어 있으며, 아미노산은 탄소, 산소, 질소 등의 원자로 구성되어 있다. 원자나 분자는 우리 육안으로 볼 수는 없지만 전자현미경으로는 관찰이 가능하다.

원자는 원자핵과 전자로 구성되어 있다. 원자핵은 원자의 중심에 위치하며 원자핵은 양전하를 띤 양성자와 전하가 없는 중성자로 이루어져 있으며, 원자핵 주변을 음전하를 띠고 있는 전자가 돌고 있는 형태를 하고 있다.

현재까지 발견된 원자의 종류는 약 106여 종인데, 이들 각 원자는 양성자 수가 다르기 때문에 원자번호를 붙여 명명하게 된다. 원자번호는 원소의 기본 성질을 결정하며 원소의 양성자수와 중성자수의 합으로 결정한다. 또한 원소가 가지는 질량수는 전자가 가지는 질량이 양성자나 중성자에 비하여 무시하여도 될 만큼 너무 작으므로 양성자수와 중성자수의 합으로 한다.

원소의 표시방법은 첫 자는 대문자, 둘째 자는 소문자로 하며 왼편 위에는 질량수, 왼편 아래에는 원자번호, 오른편 위에는 전하량, 오른편 아래에는 분자 중에 존재하는 원자의 개수를 기록한다.

분자는 물질의 특성을 가지고 있는 가장 작은 입자를 말하며 원소로 표기하는데 한 종류의 원소로만 이루어진 단위체와 두 가지 이상의 원소로 이루어진 화합물의 형태로 존재한다.

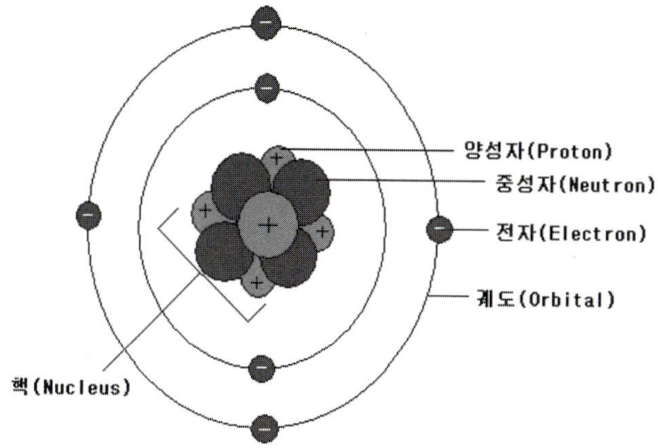

그림 4-1 원자의 모델

2) 아미노산

단백질(protein)은 그리스어 protos에서 유래한 영어의 first라는 의미를 가지는 것처럼 우리 인체를 구성하는 물질로서 대단히 중요하다. 단백질은 신체의 구조, 기능 및 재생에 매우 중요하며 모발, 피부, 근육, 신경, 손 · 발톱 및 헤모글로빈, 효소 및 호르몬에 이르기까지 모두 단백질로 구성되어 있다. 단백질을 구성하는 물질은 아미노산이며 생체는 약 20여 종의 아미노산으로 이루어져 있다.

아미노산은 화학식으로 NH_2-R-COOH로 표시되며 아미노(amine)기와 카르복실산(carboxylic acid)기를 가진 양쪽성 화합물로 카르복실기는 전자(H^+)를 내어 $-COO^-$가 되기도 하고 아민기는 전자(H^+)를 받아 $-NH_3^+$가 되기도 하므로 세포 내에서 산과 염기작용에 의해 pH의 변화에 완충작용을 할 수 있는 주요한 성질이다. 즉, 아미노산은 pH에 따라서 달리 하전하게 되는데 생체내의 pH는 거의 중성 상태이므로 한 분자 내에 아미노기의 양이온과 카르복실산의 음이온이 동시에 존재하는 구조를 가지게 된다. 아미노산은 수용액 상태에서 양쪽성으로, 전기적으로 중성인 상태를 등전점이라 한다.

아미노산은 산성, 염기성, 중성의 아미노산으로 구분되는데 산성 아미노산은 한 분자 내에 아미노기 1개와 카르복실기 2개를 가지고 있는 것으로 아스파르트산(aspartic acid)과 글루탐산(glutamic acid)이 이에 속한다. 염기성 아미노산은 한 분자 내에 아미노기 2개와 카르복실기 1개를 가지고 있는 것으로 리신(lysine), 아르기닌(arginine), 히스티딘(histidine)이 있다. 중성 아

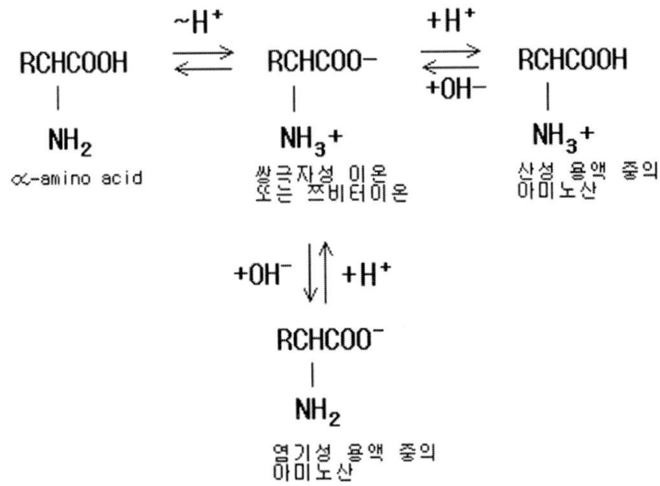

그림 4-2 수용액 상태에서 아미노산 구조

미노산은 한 분자 내에 아미노기와 카르복실기를 각각 1개씩 가지고 있는 것으로 대부분의 아미노산이 이에 속한다.

아미노산의 입체적인 구조는 구조 형태에 따라 D-형과 L-형이 있는데 자연계에는 대부분 L-형으로 존재한다. 이들 두 가지 아미노산은 입체적인 구조가 거울에 비쳐 대칭으로 보이는 광학이성질체 형태로 오른손과 왼손의 형태에 비유되며 물리적 · 화학적 성질은 거의 유사하다.

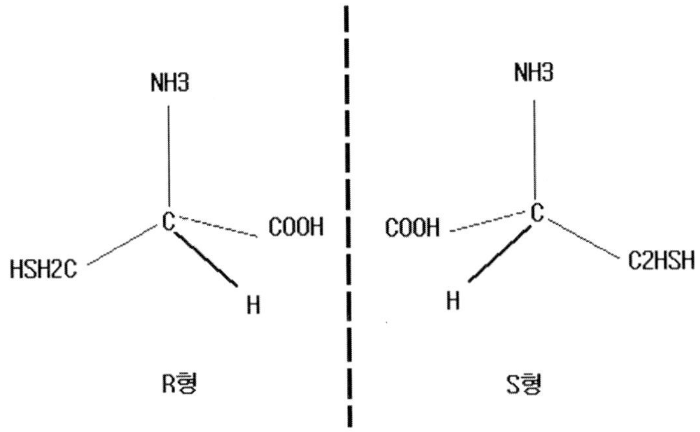

그림 4-3 아미노산의 입체적 구조

[표 4-1] 모발에 함유된 아미노산의 특징

명칭	함유량(%)	등전점(pH)	특징
Cysteine	16.6~18.0	5.0	유황을 함유, 물에 불용
Glutamic acid	13.6~14.2	3.2	물에 가용, 산성 아미노산
Isoleucine	11.1~13.1	6.0	물에 가용, 필수아미노산
Arginine	8.9~10.8	10.8	염기성 아미노산, 필수아미노산
Serine	7.4~10.6	5.7	물에 가용, NMF 중 아미노산 주성분
Threonine	7.0~8.5	5.7	물에 가용, 필수아미노산
Asparagine	3.9~7.7	5.4	물에 불용
Proline	4.3~6.7	6.3	알코올에 가용
Glycine	4.1~6.5	6.0	물에 가용
Valine	4.7~5.5	6.0	물에 가용, 필수아미노산
Alanine	2.8~4.4	6.0	물에 가용
Phenylalanine	2.4~3.7	5.5	물에 불용, 필수아미노산
Tyrosine	2.2~3.1	5.7	물에 불용, 멜라닌 색소 형성
Leucine	1.9~3.3	6.0	물에 불용, 필수아미노산
Histidine	0.6~1.2	7.6	염기성 아미노산, 필수아미노산
Methionine	0.7~1.0	5.7	물에 불용, 필수아미노산, 유황 함유
Tryptophan	0.4~1.0	5.9	물에 불용, 필수아미노산
Lysine	0.2~0.8	9.7	물에 가용, 필수아미노산

3) 단백질

단백질의 구성 성분인 아미노산은 다른 아미노산과 축합반응을 거쳐 펩티드결합을 형성하고 이것이 50~2,000개의 아미노산으로 형성된 고분자물질, 즉 긴 사슬 모양의 폴리펩티드결합을 이루게 된다. 단백질의 실제 모양은 선형으로 펼쳐져 있지 않고 수소결합 등의 힘 때문에 나선(helix) 구조 또는 병풍(sheet) 구조를 하게 된다. 알파나선(α-helix)구조는 선형의 폴리펩티드가 오른쪽으로 도는 나사 모양으로 감긴 상태를 말하는데 많은 수의 수소결합에 의해 안정적으로 지지되며 머리카락, 손톱, 발톱 등은 이러한 구조를 하고 있다. 베타병풍(β-sheet) 구조는 명주실에서 볼 수 있는 구조로 폴리펩티드가 병풍 또는 주름 잡힌 판상 구조를 하고 있다.

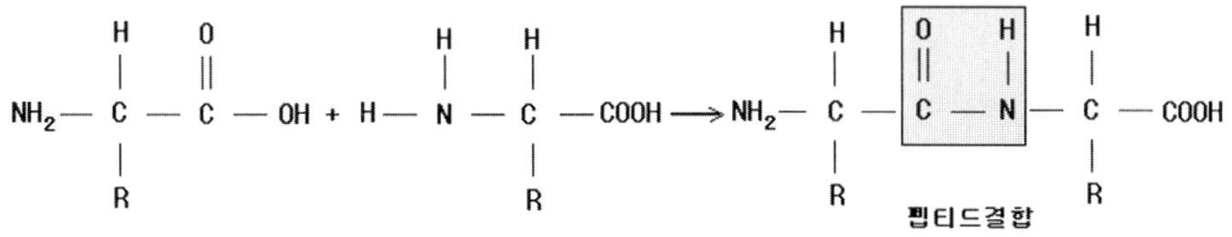

그림 4-4 펩티드결합 구조

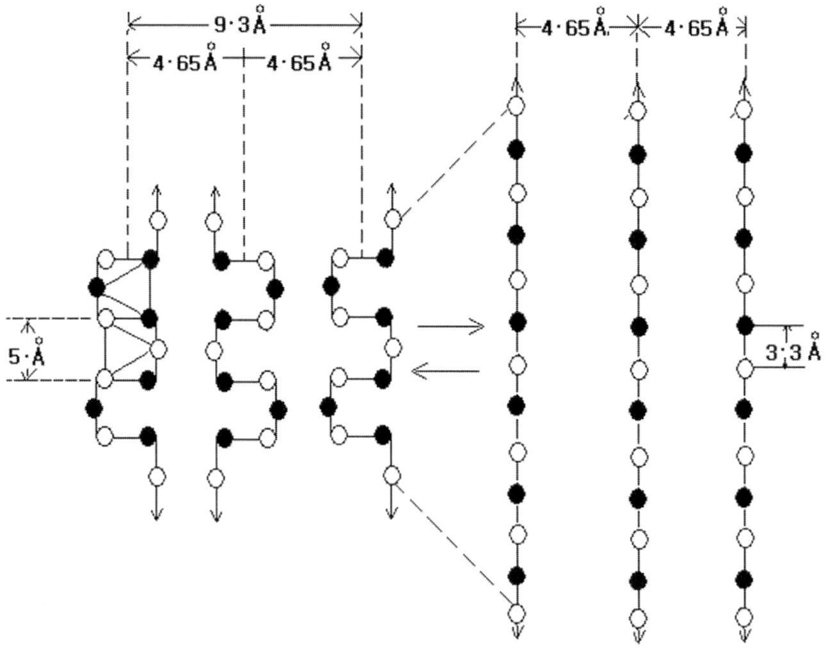

그림 4-5 케라틴 단백질의 구조

2 화학결합의 이해

모든 원소들은 최외각 전자가 8개로 된 안정한 형태를 이루고자 한다. 불활성기체를 제외한 원소들은 다른 원소들과 공동체를 이루어 안정한 형태를 이루고자 하는데, 이와 같은 화학결합에는 원소 간의 결합인 이온결합, 공유결합, 배위결합과 분자와 분자 사이의 인력에 의해 발생하는 수소결합과 반데르 발스 결합이 있다.

1) 이온결합

이온결합은 양이온과 음이온이 안정한 상태로 이루어져 정전기적인 인력으로 결합하는 화학결합을 말한다. 즉, 이온결합은 금속과 비금속 사이에서 이루어지며 주기율표상에 Ⅰ족 또는 Ⅱ족의 경우처럼 자신이 가지고 있는 전자를 주려고 하는 성질을 가지고 있는 전기양성인 원소와 Ⅶ족과 같이 전자를 받으려고 하는 전기음성인 원소 사이에서 이루어진다. 그 대표적인 물질이 염화나트륨이다.

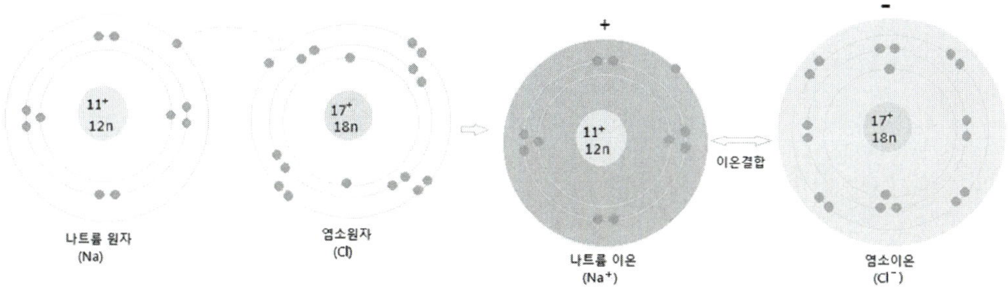

그림 4-6 염화나트륨의 이온결합

2) 공유결합

원자와 원자가 결합할 때 안정한 상태인 불활성 원소와 같은 전자 배열을 갖기 위하여 원자와 원자가 서로 같은 수의 전자를 내서 전자쌍을 이루어 두 원자에 공유되어 결합한 화학결합을 공유결합이라 한다. 공유결합한 원자의 경우 서로 다른 전기음성도를 가지고 있어 한쪽으로 치우치는 극성 공유결합을 하는 경우와 한 쪽으로 치우치지 않는 비극성 공유결합이 있다.

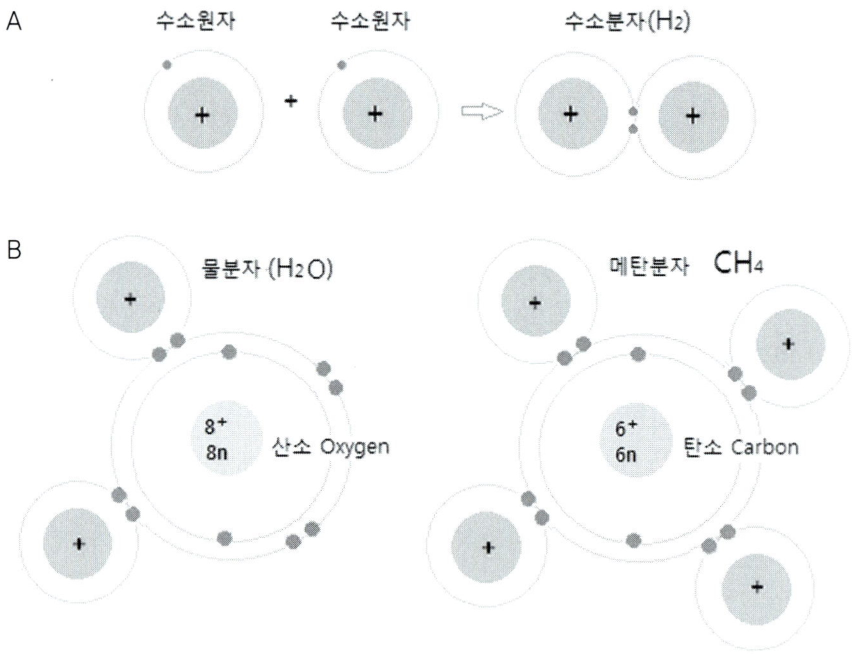

그림 4-7 공유결합

3) 배위결합

공유결합에서는 결합하는 원자와 원자 사이에 서로 같은 수의 가전자를 내어 공유 전자쌍을 이루고 있다. NH_3와 H^+가 결합하여 NH_4^+를 형성할 때는 NH_3 분자 중의 N 원자에서 내놓은 비공유 전자쌍에 H^+가 결합해서 N과 H^+가 서로 안정한 전자 배열을 이루게 된다. 이와 같은 형태의 결합을 배위결합이라 한다.

4) 수소결합

수소결합은 일반적으로 수소원자와 전기음성도가 큰 F, O, N과의 화합물에서 분자와 분자 간에 형성되는 결합으로 수소결합 물질은 그 인력으로 인해서 비등점과 융점이 높고, 증발열이 크다.

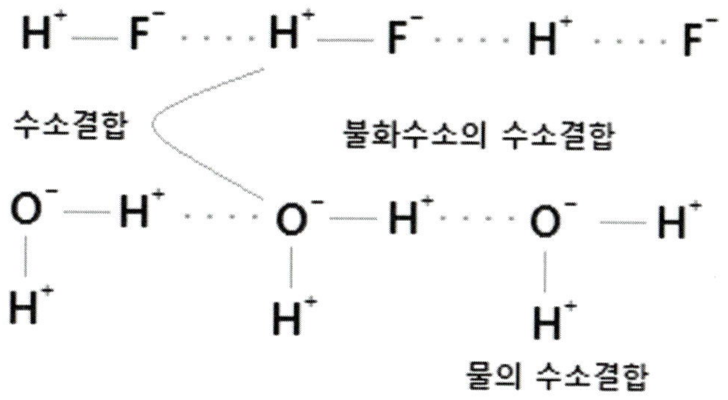

그림 4-8 수소결합

3 모발과 화학결합

모발은 케라틴이라는 경단백질로 구성되어 있으며 단백질을 구성하는 아미노산은 폴리펩티드결합에 의한 주쇄결합을 형성하고 주쇄결합의 곁사슬에 의한 측쇄결합 형태의 화학결합을 하고 있다.

1) 주쇄결합(세로결합)

모발은 수백~수천 개의 아미노산이 폴리펩티드결합에 의해 긴 고분자쇄를 이루고 있으며 매우 강한 결합을 하고 있다.

2) 측쇄결합(가로결합)

모발의 구성은 주쇄결합에 의해 긴 사슬을 형성하고 아미노산의 측쇄에 의해 주쇄와 연결하여 단단한 구조를 형성하게 된다.

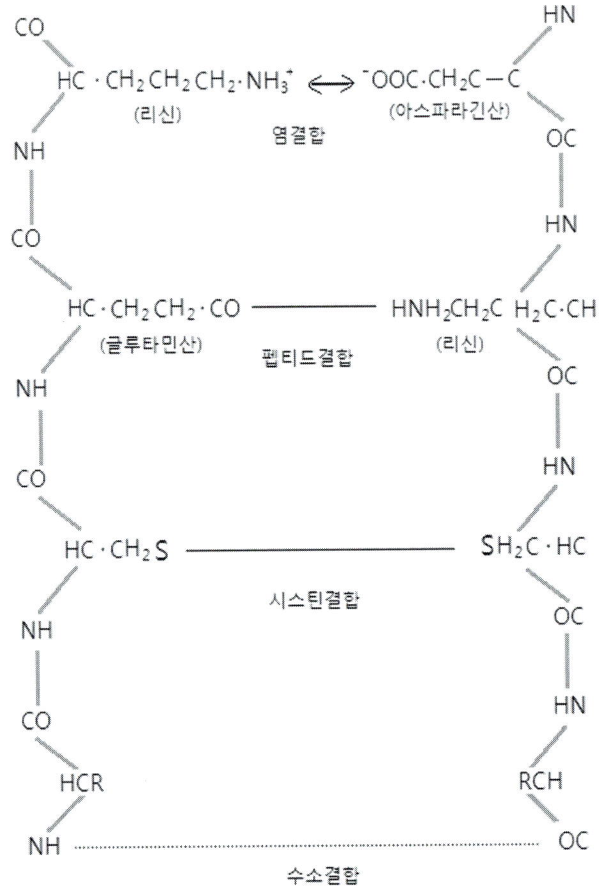

그림 4-9 모발의 화학결합 모형

(1) 시스틴결합(cystine bond)

모발의 케라틴 단백질에는 시스테인, 메티오닌과 같이 황(S) 원소를 함유한 아미노산이 있으며 이러한 아미노산에 함유된 황끼리 결합하여 시스틴결합(이황화결합)을 형성하게 된다. 이 시스틴결합은 강한 결합력이 있어 환원제에 의해 결합이 끊어지게 되는데 이러한 성질을 이용하여 퍼머넌트 웨이브에 응용하고 있다.

(2) 이온결합(염결합, ionic bond)

아미노산에 존재하는 아미노기(NH_3^+)와 카르복실기(COO^-)가 서로 하전된 상태에서 정전기적 결합으로 형성되며 등전점인 pH 4.5~5.5에서 가장 강한 결합력을 나타낸다.

(3) 수소결합(hydrogen bond)

주쇄결합 사슬에 있는 아마이드기(R-NH_2)와 카르복실기(R-COOH) 사이의 결합으로 물 분자에 의해 쉽게 절단된다. 이러한 성질을 이용하여 블로우 드라이 등 일시적 셋팅에 응용할 수 있다.

(4) 펩티드결합(peptide bond)

모발에 함유된 글루타민산이나 리신과 같이 비교적 긴 사슬을 가진 아미노산의 아미노기와 카르복실기 사이에서 축합결합에 의해 형성된다.

4 모발과 pH

pH는 수소이온 농도지수로서 어떤 용액의 산성, 알칼리성을 나타내는 척도로 사용되고 있으며, 0에서 14까지로 구분하여 7을 중성이라 하고 그 이하를 산성, 그 이상을 알칼리성이라 표현한다.

물은 수소 원자 두 개와 산소 원자 한 개로 이루어진 화합물로 수소이온

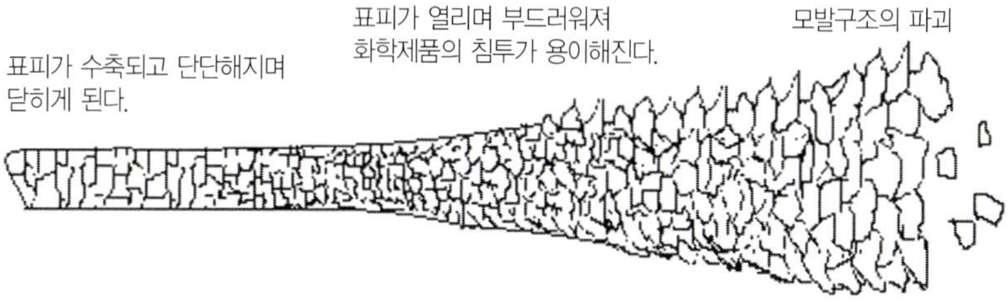

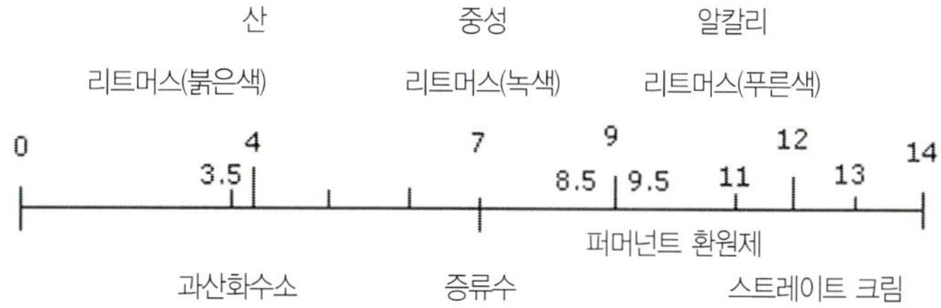

그림 4-10 산과 알칼리에 의한 모발의 형태변화

(H^+)과 히드록시이온(OH^-)으로 해리하여 있다. 중성인 pH 7 상태는 수소이온(H^+)과 히드록시이온(OH^-)의 비율이 천만분의 일($1/10^{-7}$)로 같은 상태를 말하며, 물에서 수소이온(H^+)이 증가하면 산성이라 하고 히드록시이온(OH^-)이 증가하면 알칼리성이라 한다.

1) 산과 모발

- 진한 황산과 같은 강산에서는 분해되지만 비교적 강한 저항력을 나타냄
- 모발에 산을 처리하면 모표피가 닫힘

2) 알칼리와 모발

- 알칼리성에서는 아미노산의 결합이 약해져서 쉽게 손상을 받음
- 수산화나트륨과 같은 강한 알칼리용액에서는 용해됨

3) 모발의 등전점(isoelectric point)

모발은 18개의 아미노산으로 구성되어 있으며 아미노산은 알칼리성인 아미노기($-NH_2$)와 산성인 카르복실기($-COOH$)의 말단기로 이루어져 있어 전기적으로 양성과 음성을 나타낸다. 양이온과 음이온이 동등한 상태를 등전점이라 하며 모발은 등전점이 다른 18종의 아미노산으로 구성되어 있으므로 일반적으로 모발의 등전대는 pH 4.5~5.5 정도이다.

5 산화제의 영향

모발을 염색하거나 탈색을 위해서는 과산화수소, 과붕산나트륨과 같은 산화제를 사용하게 되는데 이들 산화제는 알칼리성으로 활발하게 반응해서 모발 중의 멜라닌 색소를 파괴하여 탈색시키거나 염료를 산화 · 중합시켜서 발색을 촉진하는 작용을 한다. 또한 과산화수소는 모발의 측쇄결합을 절단시킬 뿐 아니라 주쇄결합인 폴리펩티드결합까지 절단하게 되므로 모발에 과도하게 사용하면 모발을 손상시키기도 한다.

6 모발과 색소

모발의 색상은 사람마다 유전적 요인과 환경에 따라 다르게 나타난다.

같은 인종이더라도 조금씩 색상 차이를 보이는 것은 모발의 색이 흑색 또는 갈색, 적색, 황금색, 백색 등 여러 가지 있지만 이 색들이 피부색과 같이 멜라닌 색소의 분포 정도에 따라 결정되기 때문이다.

멜라닌 색소는 멜라닌세포(melanocyte)에서 만들어지는데, 정상 표피의 멜라닌세포 수는 민족과 피부색에 관계없이 일정하며 피부색을 결정하는 것은 멜라닌세포가 계속적으로 생산하는 멜라닌소체(melanosome)인 색소과립의 수와 크기에 의해 결정된다. 모발의 색상은 멜라닌 색소의 유형에 따라 색조, 강도, 밝기 등 다양하게 나타나며 자외선으로부터 두피를 보호하는 역할을 한다.

멜라닌 색소는 유멜라닌(eumelanin)과 페오멜라닌(pheomelanin)이 있다. 피부의 표피에는 대부분이 유멜라닌(eumelanin)이 존재하는 데 비해 모발에는 유멜라닌과 페오멜라닌이 함께 존재하며 다음과 같은 특징을 나타낸다.

1) 유멜라닌(eumelanin)

- 분자량이 큰 입자형 색소
- 동양인 또는 흑인과 같은 검은색이나 갈색 모발에 많이 존재한다.

2) 페오멜라닌(pheomelanin)

- 색소 입자가 유멜라닌에 비해 작고 분산형
- 서양인과 같은 금발에 많이 존재한다.

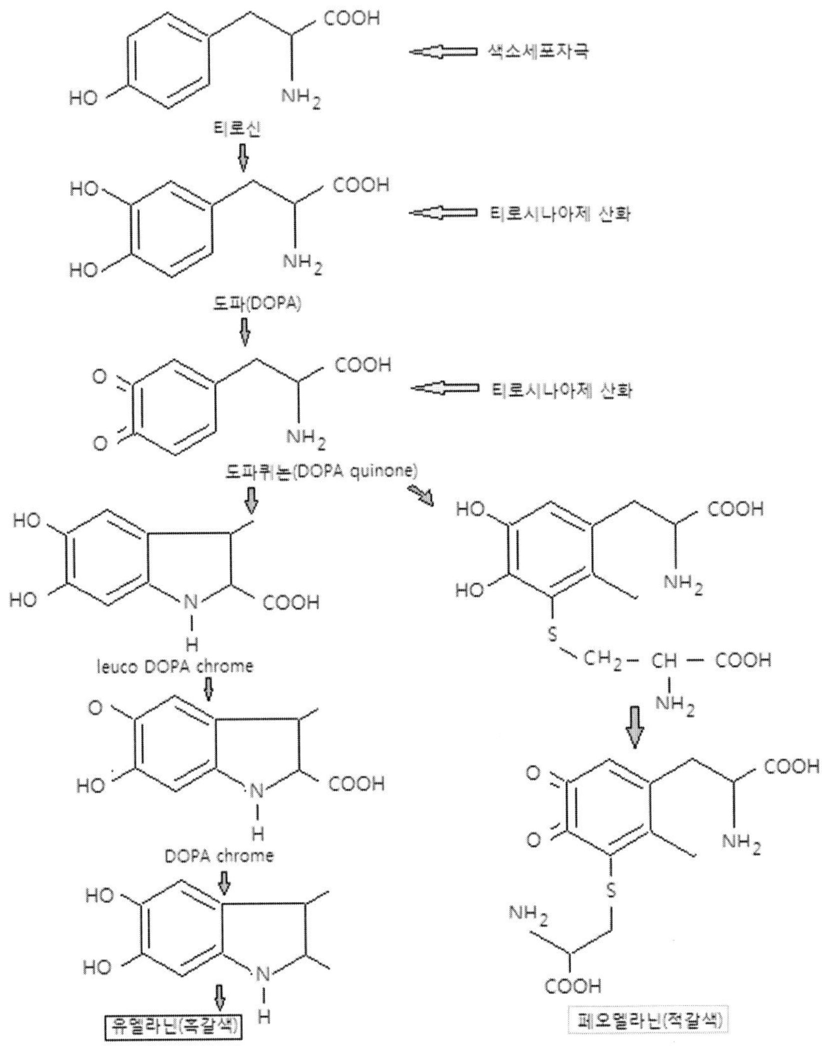

그림 4-11 멜라닌 색소의 형성 메커니즘

연습문제

1. 모발을 구성하는 주요 성분은?

2. 모발을 형성하는 주쇄결합은?

3. 모발을 형성하는 측쇄결합은?

4. 모발의 등전대는?

5. 모발의 알칼리에 대한 성질은?

6. 알칼리성 아미노산의 종류는?

7. 산성 아미노산의 종류는?

8. 아미노산과 아미노산에 의해 형성되는 결합으로 단백질을 구성하는 기본 결합은?

9. 페오멜라닌의 특징에 대하여 설명하시오

10. 모발의 화학결합 가운데 드라이에 의한 헤어 스타일링과 관계 깊은 것은?

11. 모발의 색상에 대한 설명이다. 옳은 것은?

① 인종에 관계없이 유멜라닌과 페오멜라닌의 두 종류를 가지고 있다.
② 인종에 따라 유멜라닌 혹은 페오멜라닌의 종류가 다를 수 있다.
③ 유멜라닌은 황적색계이다.
④ 페오멜라닌은 흑갈색계이다.

12. 모발의 pH에 대한 설명 중 틀린 것은?

① 일반적으로 산성, 알칼리성의 정도를 나타내는 수치를 말한다.
② 수분이 없는 물질에서만 pH 측정이 가능하다.
③ 수치는 0에서 14까지 있다.
④ 7을 중성으로 본다.

13. 모발색에 대한 설명이다. 바르지 않은 것은?

① 갈색이나 검은색 계열의 색은 유멜라닌이다.
② 페오멜라닌은 유멜라닌에 비해 색소 입자가 크다.
③ 모발은 모모세포층의 모유두 끝부분에 존재한다.
④ 다양한 형태의 모발색을 만들어 내는 색소 형성은 대부분 유전적으로 조절된다.

14. 손상모가 세로방향으로 잘 끊어지는 현상을 고려할 때 모발의 화학결합 가운데 가장 강한 결합력은?

① 폴리펩티드결합
② 시스틴결합
③ 염결합
④ 수소결합

15. 발의 강도를 제공하는 결합으로 등전점을 벗어난 pH가 되면 힘이 약해지는 결합은?

① 시스틴결합
② 펩티드결합
③ 이온결합
④ 수소결합

16. 주로 갈색이나 검은색을 나타내는 색소로 흑인이나 동양인의 피부색과 모발색을 결정하는 요소는?

① 티로신
② 멜라노사이트
③ 유멜라닌
④ 페오멜라닌

제 5 장

모발의 물리적 특성

1 강도와 신도

모발을 일정한 힘으로 당길 때 절단될 때까지의 힘을 강도라 하며, 원래 모발의 길이와 모발이 절단될 때까지 늘어난 길이의 비율을 신도라 한다. 강도와 신도의 측정은 동시에 하게 되며 그 수치는 강도-신도 곡선으로 나타낼 수 있다.

모발은 사람에 따라 발생 부위에 따라 굵기가 서로 다르므로 절단될 때의 하중을 단면적으로 나누어 표시하면 된다.

모발의 강도와 신도 측정은 온도와 습도에 따라 많은 영향을 받기 때문에 시험 표준상태인 온도 20℃±2℃, 상대습도 65%±2%의 조건으로 시험하여야 한다.

일반적으로 건강한 모발의 강도는 140~150g/㎟이고 신도는 40~50%이나, 모발이 물에 젖었을 때는 모발을 구성하고 있는 케라틴의 분자구조가 α-케라틴에서 β-케라틴으로 변함에 따라 케라틴 내의 수소결합이 느슨하게 되어 강도는 900~100g/㎟로 저하하는 반면 신도는 60~70%로 늘어나게 된다.

통상적으로 모발의 강도와 신도는 건조모, 습윤모, 퍼머넌트 웨이브 처리모 순으로 강도는 감소하나 신도는 증가하며, 습도가 높은 상태일수록 강도는 감소하나 신도는 증가하는 경향을 나타내고 있다.

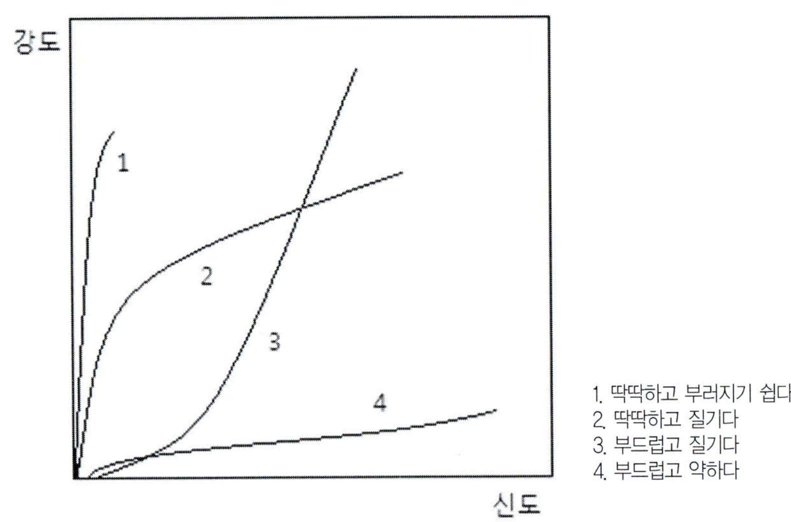

그림 5-1 전형적인 강도-신도 곡선

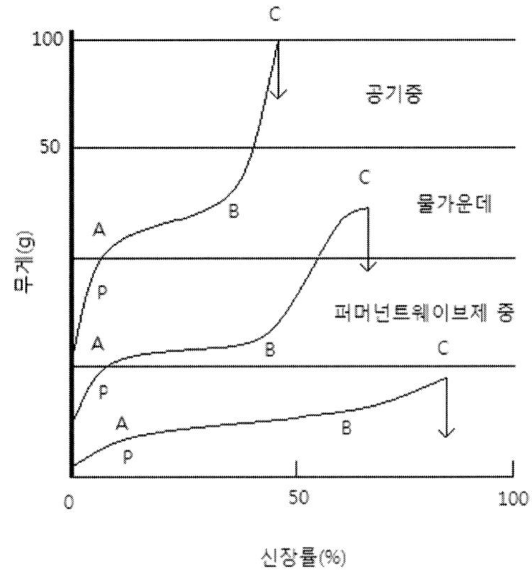

그림 5-2 모발의 강도-신도 곡선

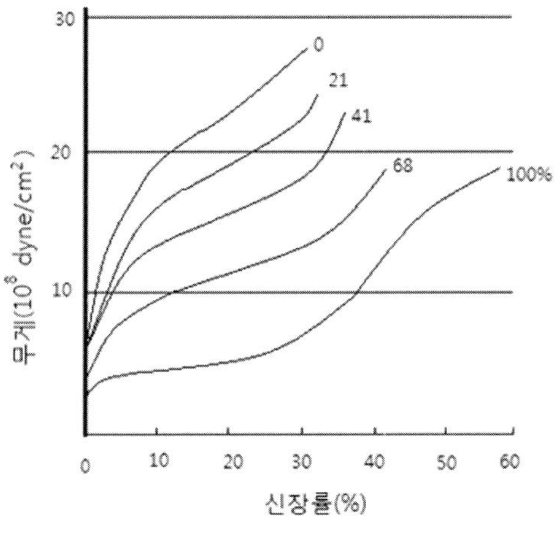

그림 5-3 습도와 신장률

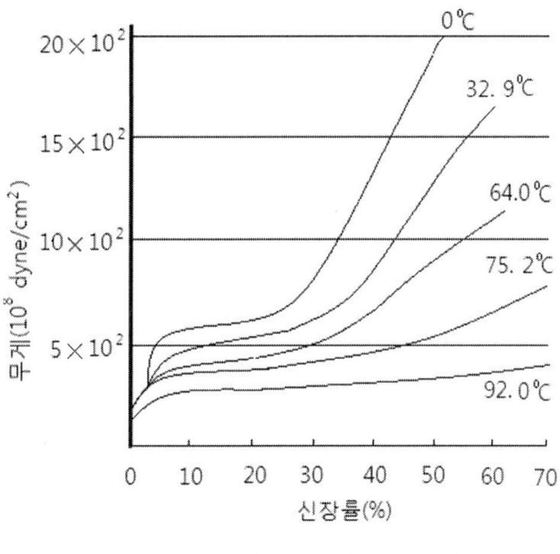

그림 5-4 온도와 신장률

사람의 모발을 잡아당겨 뽑으려면 모발은 내모근초, 외모근초, 모구가 모공벽과 밀착되어 있어서 쉽게 빠지지 않는다. 일반적으로 성장기 상태의 모발을 한 올 뽑는 데 필요한 고착력(모발 1개를 두피에서 뽑는데 필요한 힘)은 50~80g 정도이다. 그러나 모구부가 수축하여 모발이 모낭에 둘러싸여 위쪽으로 올라가고 모낭이 모유두와 분리되는 퇴행기와 휴지기가 되면 모발의 고착력은 약해진다.

2 탄성과 가소성

탄성이란 어떤 힘을 작용시켜 형태를 변형시킨 다음 이 힘을 제거시켰을 때 원래의 모양과 크기로 돌아가고자 하는 성질을 말하는데, 예를 들어 스프링을 당기면 늘어났다가 놓으면 원래의 형태를 돌아가는 것과 같다.

가소성이란 물질이 가진 탄성(외부의 힘에 대해 변형되었다가 힘이 제거되면 원래의 상태로 복원되는 성질) 이상의 에너지가 주어졌을 때 물질이 변형한 후 이 힘을 제거했을 때도 원래대로 돌아오지 않는 성질을 의미한다.

모발은 단백질의 구조적 특성 때문에 탄성과 가소성을 가지고 있으며 미용에서 헤어세트, 블로우드라이, 퍼머넌트 웨이브 시술 시 탄성과 가소성을 이용한다.

3 세트성

모발은 주쇄결합인 폴리펩티드결합과 측쇄결합(시스틴결합, 이온결합, 수소결합, 펩티드결합)으로 이루어져 있어 입체적 구조를 하고 있으며, 힘을 가하였다가 그 힘을 제거하면 원래의 상태로 되돌아가고자 하는 탄성이 있다. 그러나 모발에 화학적 또는 물리적 처리를 하여 일시적으로 강도를 약하게 한 다음 힘을 가하면 그 힘을 제거하여 원래의 상태로 되돌아가지 않는 가소성화가 되어 형태가 고정된다.

1) 응집세트

일상생활에서 자기 전에 샴푸 후 건조가 덜 된 상태에서 자고 나면 머리의 모양이 헝클어진 상태를 볼 수 있다. 이와 같이 모발이 물에 의해 수소결합이 절단되었다가 건조과정에서 재결합되어 세트되는 현상이다. 수소결합 가운데 물에 의해 절단과 재결합에 영향을 받지 않는 것도 있기 때문에 응집세트는 쉽게 풀어진다.

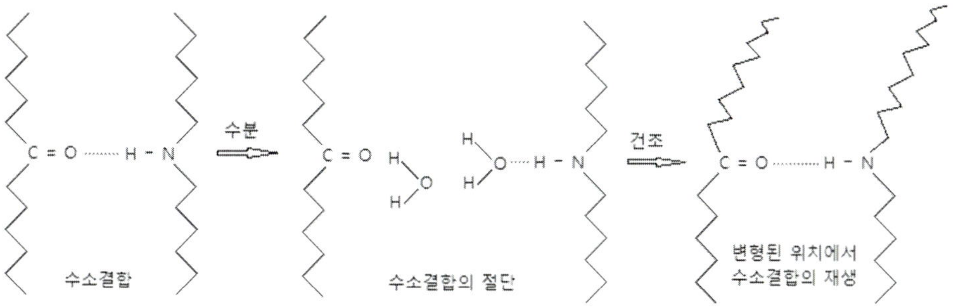

그림 5-5 응집세트의 원리

2) 일시적 세트

모발에 결합된 수소결합 가운데 물로 절단하기 어려운 수소결합도 열에 의해 절단된다. 열에 의해 절단된 수소결합을 세트롤과 같은 기구로 모발에 웨이브를 주어 재결합시키는 것을 일시적 세트라 한다.

통상적으로 미용실에서 블로우드라이나 열 세트로 헤어스타일을 만드는데 사용하고 있으나 이 세트도 영구적인 것이 아니어서 수분에 의하여 다시 원상태로 되돌아가게 된다.

구겨진 모직물에 수분을 공급하여 밤 동안 옷장에 걸어 두면 구겨진 주름이 다시 펴지는 현상과 같다.

3) 영구적 세트

앞에서 언급한 세트는 모두 모발의 측쇄결합을 일시적으로 절단하였다가 재결합하는 것이나 영구적 세트는 모발의 측쇄결합을 화학적 약품으로 절단한 후 재결합시켜 잘 변형되지 않는 결합을 형성하는 것으로, 퍼머넌트 웨이브 시술 시 알칼리와 열을 병용하여 모발에 영구적인 웨이브를 하는 세트 방법이다.

4 흡습성

모발의 모표피는 친유성이지만 모발의 대부분을 차지하는 모피질은 친수성을 가지고 있기 때문에 수분을 흡수하는 성질이 커서 수분 함유율은 일반적으로 10~15% 정도이다. 블로우드라이로 건조하여도 10%의 수분을 함유하며, 샴푸 직후에는 약 30% 정도의 수분을 함유하고 있다.

모발의 흡수율은 온도와 습도에 따라 달라지며 온도보다 습도에 더 영향을 받게 된다. 일상생활에서 기온이 높고 건조한 날씨에서 세탁물이 빨리 마르는 것도 이러한 현상에 기인한다. 따라서 모발의 흡수율을 측정할 때에는 온도가 20±2℃, 상대습도가 65%인 표준상태에서 측정하여야 한다.

5 팽윤성

모발이 수분이나 용매를 흡수하면 그 부피가 증가하여 그림 5-6과 같이 모발의 길이방향이나 직경방향으로 크기가 늘어나게 되는데, 이러한 현상을 팽윤이라 한다.

모발을 물에 담가 두면 모발은 친수성기를 가지고 있고 단백질의 망상구조를 형성하므로 모발에 침투된 물은 팽윤되어 길이는 1~2% 정도 길어지고 직경은 15% 정도 두꺼워지며, 무게는 30~40% 정도 증가한다.

모발을 물에 담가 두면 평형 상태에 이르게 되는데 모발에 함유된 수분은 흡착수, 침투수, 결합수 상태로 존재한다. 수분이 모발에 흡착만 하는 상태로 있는 흡착수는 25~30%, 모발의 비결정영역의 작은 void 내에 존재하는 침

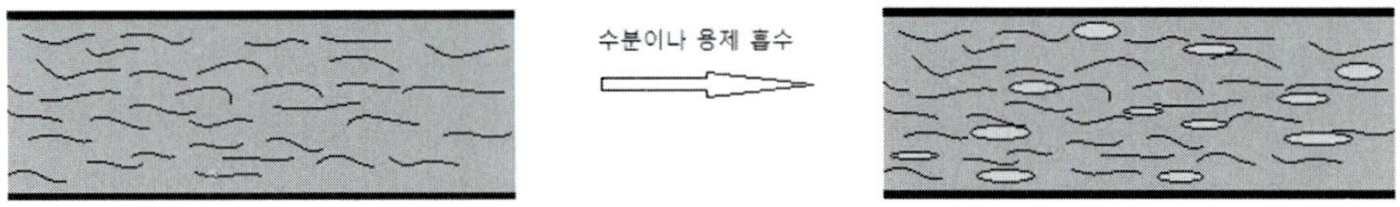

그림 5-6 모발의 팽윤 모형도

투수는 5~25%, 모발의 친수기와 수소결합 상태로 존재하는 결합수는 5% 이하인 것으로 알려져 있다.

모발은 수분보다 산, 알칼리 등의 수용액에 쉽게 팽윤되는데 이는 모발의 화학 구조가 주쇄의 폴리펩티드결합으로 이루어지며, 주쇄와 주쇄는 서로 측쇄결합으로 이루어져 있기 때문이다. 이 측쇄결합에 존재하는 수소결합은 물에 의해 쉽게 절단되어 히드록시기(-OH), 아미노기($-NH_2$), 카르복실기(-COOH)와 같은 친수성 부분에 물 분자가 흡착되어 주쇄와 주쇄 사이의 간격이 벌어지므로 그물 구조가 팽창하게 된다. 모표피의 경우 결정성 구조를 하기 때문에 물에 의해 쉽게 팽윤되지 않으나, 비결정성이 큰 모피질에서는 측쇄결합이 느슨하게 형성되어 있어 쉽게 팽윤된다.

퍼머넌트 웨이브 시술이나 탈색 등으로 모표피가 손상된 모발에서는 일부 주쇄 · 측쇄결합이 절단되어 모발의 팽윤도가 증가한다. 따라서 모발의 손상 정도를 측정하는 방법으로 흡습도를 측정하기도 한다.

6 모발과 열

모발은 습열 상태와 건열 상태에 따라 열에 의한 영향이 다르다. 헤어샵에서 샴푸 후 모발이 젖은 상태에서 드라이, 아이론 등으로 모발을 시술하면 건조한 모발보다 열에 의한 변성이 심하여 모발이 손상을 많이 받게 된다. 따라서 모발은 충분히 건조한 상태에서 시술하여야 하며 일상생활에서 많이 취급하는 아이론의 온도는 200℃ 정도, 핸드드라이어의 온도는 90℃ 정도이므로 모발의 건조 상태에 따라 주의하여 취급하여야 한다.

건열 상태에서 모발의 열에 대한 영향은 100℃ 정도에서 장시간 유지하면 모발은 수분을 잃어버리게 되고 모발의 주쇄결합과 측쇄결합이 절단되어 강도 저하가 일어나게 된다. 외관적으로는 120℃ 전후에서 팽화가 일어나며, 130~150℃에서는 α-아미노아크릴산기를 생성하여 황변이 발생하고, 150℃ 전후에서 시스틴 감소가 현저히 일어나 모발의 강도가 급격히 떨어지고, 180℃가 되면 α-케라틴이 β-케라틴으로 변하며, 270~300℃에서는 타서 분해가 된다.

7 모발과 정전기

정전기는 두 가지 물질이 접촉되었다가 분리되면 전하의 이동 → 전하의 분리 → 전하의 완화 과정을 거치면서 정전기가 발생했다가 소멸된다.

보통의 물질은 전기적으로 중성인데 그림 5-7과 같이 물질을 접촉시키면 물질의 접촉면에서 전하의 이동이 일어나 양전하와 음전하가 정전기를 발생시킨다. 정전기는 습도가 낮을수록 많이 발생하게 되는데 습도가 높은 여름보다 습도가 낮은 겨울에 많이 발생한다. 따라서 여름보다 겨울에 옷을 입고 벗을 때 갑자기 정전기가 발생하는 것을 더 많이 경험하게 된다.

모발을 백 코밍하거나 빗질을 하면 모발과 빗 사이의 마찰에 의해 정전기가 발생하여 모발이 서로 달라붙거나 서로 떨어지려는 현상을 보게 되는데 이는 모발은 양전하로, 빗은 음전하로 대전해 있어 양전하로 대전한 모발끼리는 서로 떨어지려 하고, 음전하로 대전한 빗과 양전하로 대전된 모발은 서로 당기기 때문이다.

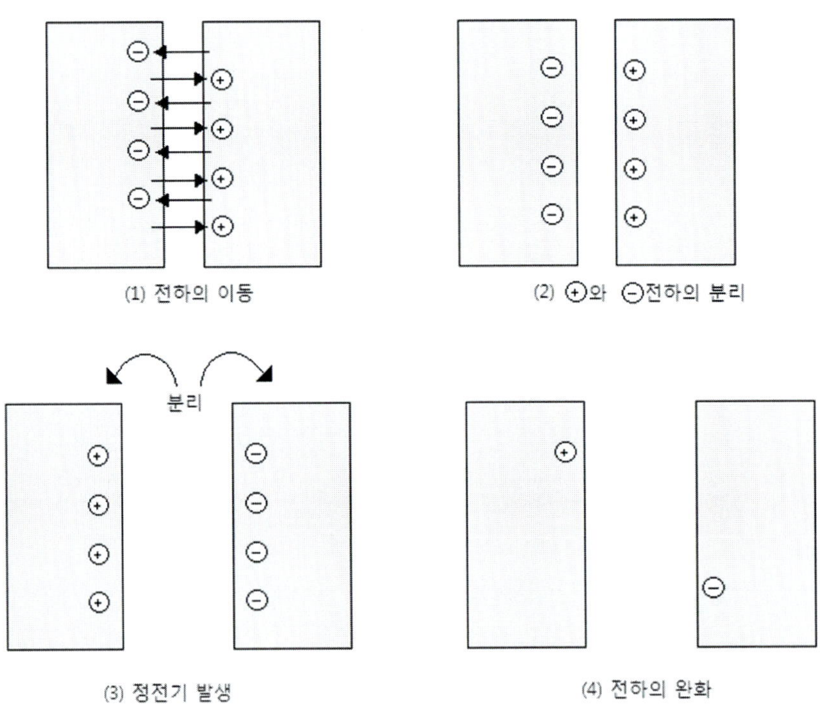

그림 5-7 정전기의 발생 원리

8 보온성

모발의 기능 중 추위로부터 보호하는 기능이 있다. 보온성에 영향을 미치는 요인으로는 열 전도성, 수분 흡수율 등이 있다. 우리가 겨울 옷감으로 양모를 선호하는 이유는 양모가 다른 섬유에 비해 열전도율이 낮아서 보온성이 크기 때문이다.

보온성은 수분을 흡수할 때 열을 발생하는 것과도 관계가 있는데 모발은 함수율이 15~16%로 높은 편이다. 참고로 그림 5-8은 모발과 성질이 유사한

[표 5-1] 섬유별 열전도율 비교치

섬 유	열전도율(상대적 비교치)
공기	0.20
양모(모발)	0.36
나일론	0.38
견	0.44
면	0.54
레이온	0.58
모시	0.63

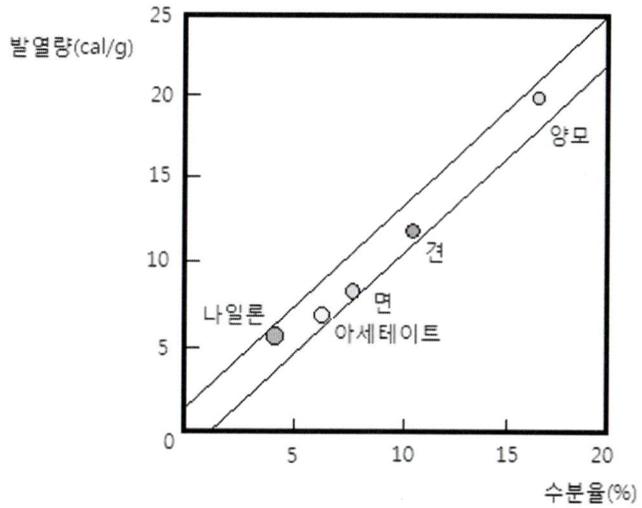

그림 5-8 수분율과 발열량과의 관계

양모를 기준으로, 다른 옷감에 사용하는 섬유와의 발열량 관계를 나타낸 것이다. 그림에서 보는 바와 같이 양모의 경우처럼 수분 흡수가 클수록 발열량이 커짐을 보여주고 있다. 즉, 더운 장소에서 추운 장소로 옮겨 가면 모발은 공기 중의 수분을 흡수하여 발열하므로 급격한 체온변화를 막아 준다.

9 모발과 유지

모발은 일반적으로 친수성이지만 모표피 부분은 친유성이므로 유지성분과 친화성이 좋으며, 유지에 따라 친화성에 차이를 나타내고 있다. 일반적으로 식물성 유지보다는 광물성 유지에 친화성이 좋다. 모표피가 물리적이나 화학적 요인에 의해 손상되면 유지에 대한 친화성이 감소한다. 모발의 트리트먼트제품 선택에서도 유지의 친화성에 따라 제품을 선택하여야 한다.

10 모발과 광선

태양광선은 파장의 길이에 따라 자외선, 가시광선, 적외선으로 분류한다. 모발에는 주로 자외선이 가장 영향을 많이 미치고 적외선도 적지만 영향을 준다. 자외선은 단파장으로 모발에 조사되면 광반응에 의해 시스틴이 감소하고 알칼리 용해도를 증가시킨다. 자외선에 많이 노출된 머리카락의 끝부분과 자외선 노출이 적은 아랫부분의 이황화결합(-S-S-) 함량을 분석하면 자외선 노출이 심한 부분에서 이황화결합(-S-S-)의 함량이 적게 나타나고 있다. 정상적인 모발보다 물리적, 화학적으로 손상된 모발의 경우 자외선에 대한 손상이 더욱 심하게 나타난다. 야외 근로자나 해변에 거주하는 사람의 경우 퍼머넌트 웨이브를 시술한 모발에 컬이 쉽게 풀어지는 것도 자외선에 의한 영향이라고 말할 수 있다.

적외선은 모발 일부의 측쇄결합을 절단하여 모발에 손상을 주기도 하지만, 적외선은 물체와 접촉하면 열을 발생하는 성질이 있어 두피에 조사하면 두피 깊숙이 침투하여 모세혈관의 혈액순환을 좋게 함으로써 모발의 성장에 도움을 주므로 탈모 방지 및 치료에 사용하기도 한다.

연습문제

1. 공기 중에서 모발의 수분 함유율은?

2. 정상적인 상태에서 모발의 신도는 얼마인가?

3. 가소성이란?

4. 탄성이란?

5. 블로우드라이나 열 세트로 헤어스타일을 만드는 것과 관계되는 화학결합은?

6. 모발이 물에 의해 잘 팽윤되는 요인은 무엇인가?

7. 모발이 건열 조건에서 팽화가 시작되는 온도는?

8. 모발에 영향을 가장 많이 미치는 태양광선은?

9. 모발의 고착력은?

10. 모발의 고유 성질이 아닌 것은?

① 열변성 ② 대전성 ③ 광변성 ④ 부패성

11. 모발의 물리 · 화학적 특성에 대한 설명이 잘못된 것은?

① 모발의 흡수율은 손상모에 비하여 건강모가 더 높다.
② 모발이 물을 흡수하면 수소결합이 끊어져서 팽창된다.
③ 환원제는 모발을 유연하게 한다.
④ 강산화제는 모발의 색을 탈색시킨다.

12. 모발에서 유지가 가장 잘 흡착될 수 있는 부분은?

① 모수질 ② 모피질 ③ 모표피 ④ 내모근초

13. 건강한 모발의 끝을 잡고 당겨 보면 비교적 저항력이 있으며, 약간 강하게 잡아당기면 늘어나기 시작하면서 다시 되돌아가려는 힘의 움직임을 느낄 수 있다. 이러한 모발의 힘을 무엇이라고 하는가?

① 변성 ② 고착력 ③ 탄성 ④ 견고성

14. 모발이 수분을 흡수할 수 있는 이유는?

① 모발의 유지흡착성 때문에
② 케라틴 단백질의 친수성 때문에
③ 모발의 대전성 때문에
④ 모발의 탄력성 때문에

15. 모발을 잡아당기는 경우 끊어질 때까지 견디는 힘을 무엇이라고 하는가?

① 인장강도 ② 탄력성 ③ 신장력 ④ 고착력

16. 모발에서 수분을 가장 잘 흡수하는 부분은?

① 모수질 ② 모피질 ③ 모표피 ④ 내모근초

17. 모발이 타서 분해되는 온도는?

① 120℃ ② 150℃ ③ 180℃ ④ 300℃

18. 모발에 보온성이 있는 이유는?

① 열 전도율이 높다.
② 열 전도율이 낮다.
③ 수분 흡수율이 높다.
④ 수분 함유량이 높다.

제 6 장

퍼머넌트 웨이브

1 퍼머넌트 웨이브의 개요

퍼머넌트 웨이브란 영어의 'permanent'(영구적인)와 'wave'(물결)라는 두 단어가 합쳐진 것으로, 물리적 · 화학적 방법으로 모발의 구조나 형태를 변형하여 아름다운 물결 모양의 헤어스타일을 오랫동안 유지한다는 의미이다.

퍼머넌트 웨이브의 기원은 B.C. 3000년경부터 고대 이집트인들이 나일강 유역의 진흙을 이용하여 머리카락에 바르고 둥근 막대기에 모발을 감은 다음 태양열에 말려 모발에 웨이브를 형성시키기 시작한 것으로 알려져 있다.

그 이후 그리스 · 로마 시대에는 철봉을 이용하여 웨이브를 만들었으며, 이런 방법이 장기간 계속되다가 1875년에 프랑스 마샬(Marcel)이 아이론(iron)을 개발하여 열로 웨이브를 형성하는 방법을 시도하기도 하였으나, 물에 젖으면 원상 회복되는 단점이 발견되었다. 현대적인 의미의 퍼머넌트 웨이브는 1905년 찰스 네슬러(Charles Nessler)가 붕사를 모발에 바르고 가열하여 웨이브를 만드는 열퍼머 방식을 개발한 것이 시초이다. 그러나 이 방법은 시간이 오래 걸리고 모발이 손상된다는 단점이 있었다. 그 후 방법이 개선되어 붕사 대신 탄산나트륨, 암모니아수, 트리에탄올아민 등이 사용되고 열원으로는 전기를 이용하였다. 1936년 영국의 스피크맨(Speakman)이 아황산나트륨을 사용하여 열을 가하지 않고도 웨이브를 형성할 수 있는 콜드퍼머의 기초 이론을 성립하였으며, 1941년 미국의 맥도너(McDonugh)는 티오글리콜산을 이용하여 현재와 같은 퍼머넌트 웨이브제를 본격적으로 제조하기 시작하였다.

2 퍼머넌트 웨이브의 원리

케라틴 단백질로 구성된 모발은 폴리펩티드결합, 시스틴결합(이황화결합), 염결합 및 수소결합을 하고 있으며 그 중에서 시스틴결합이 많이 존재하므로 퍼머넌트 웨이브는 이 시스틴결합을 이용한다. 또한 모발은 물리적으로 α-헬릭스의 나선형 구조로 되어 있어 모발에 힘을 가하여 잡아당겼다 놓으면 원상태로 돌아가려는 탄력성과 복원력이 있으므로 퍼머넌트 웨이브에서는 이 탄성력을 이용하게 된다.

퍼머넌트 웨이브의 기본 원리는 모발을 화학약품으로 처리하여 환원작용과 산화작용을 이용한 것이다. 모발에 환원제인 티오글리콜산(thioglycolic acid)과 알칼리로 처리하면 알칼리 성분에 의해 모발이 팽윤되고, 팽윤된 모발에 티오글리콜산이 침투하여 측쇄결합된 시스틴결합(-S-S-)을 환원작용으로 절단하여 티올기(-SH)로 만든다. 그 후 절단된 티올기를 과산화수소와 같은 산화제로 산화작용시켜 새로운 위치에서 시스틴결합으로 재결합하도록 모발의 복원력을 회복시킴으로써 웨이브를 형성한다.

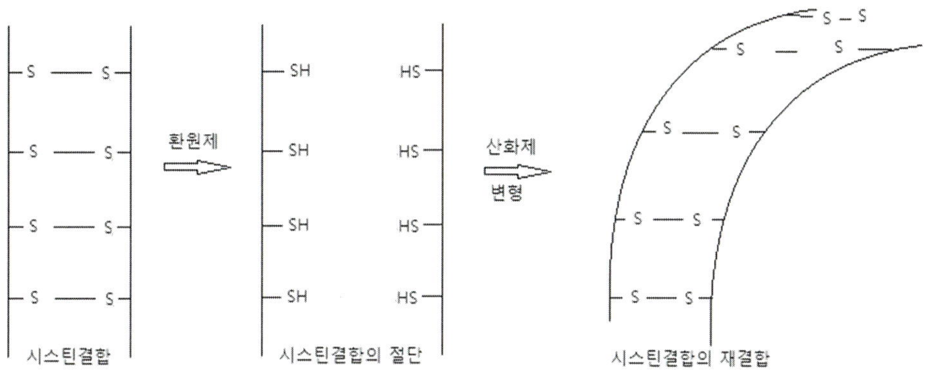

그림 6-1 퍼머넌트 웨이브 형성 모형

산화제와 환원제

- 환원제 : 산소(O)를 빼앗거나 수소(H)를 결합시키는 물질
  예) 티오글리콜산, 시스테인, 아황산수소나트륨 등
- 산화제 : 산소(O)를 결합시키거나 수소(H)를 빼앗는 물질
  예) 브롬산칼륨, 브롬산나트륨, 과산화수소 등

3 퍼머넌트 웨이브의 종류

퍼머넌트 웨이브를 형성하는 방법으로는 열에 의한 퍼머넌트 웨이브 방식과 환원제와 산화제를 이용한 콜드 퍼머넌트 웨이브 방식이 있는데 주로 콜드 퍼머넌트 웨이브 방식을 사용한다.

1) 콜드 퍼머넌트 웨이브 방식

(1) 1욕식 콜드 퍼머넌트 웨이브(one step wave)

1욕식은 한 종류의 용액만을 사용하여 웨이브를 형성시키는 방법으로 티오글리콜산 암모늄을 주로 사용한다. 티오글리콜산암모늄에서 발생한 수소이온(H^+)이 시스틴결합을 절단하여 환원시키고 자연 상태로 방치하여 공기 중의 산소와 접촉시켜 산화작용이 이루어지도록 하는 방법이다. 이 방법은 시간이 너무 많이 걸리고 웨이브 형성력이 약하다는 단점이 있다.

(2) 2욕식 콜드 퍼머넌트 웨이브(two step wave)

현재 가장 많이 사용되고 있는 방법으로 제1제의 환원작용과 제2제의 산화작용을 이용하는 방법이다.

① 환원제(제1제)

제1제는 티오글리콜산 또는 티오글리콜산염류와 시스테인이 주성분인 제품을 주로 사용한다.

- 티오글리콜산

주요 성분인 티오글리콜산 또는 티오글리콜산에 알칼리와 반응시켜 티오글리콜산염으로 만들어 피부에 대한 자극을 최소화한 제품을 사용한다.

- 시스테인

단백질을 가수분해하여 만든 아미노산인 시스테인을 주성분으로 사용한다. 시스테인이 주성분인 퍼머넌트 용액은 티오글리콜산이 주성분인 제품에 비해 환원력이 떨어져 웨이브 형성에 시간이 많이 소요되는 반면 모발의 손상이 적어 부드럽고 탄력이 있는 웨이브가 형성되는 장점이 있다.

② 산화제(제2제)

제2제는 환원작용에 의하여 절단된 시스틴결합을 산화작용에 의해서 재결합시켜 웨이브를 고정시켜 주는 역할을 하며, 주요 성분은 브롬산나트륨, 브롬산칼륨이나 과산화수소를 사용한다.

(3) 3욕식 콜드 퍼머넌트 웨이브

제1제는 모발을 팽윤시키기 위해서 암모니아수와 같은 알칼리를 와인딩 전에 바른다.

제2제는 2욕식의 제1액과 같은 환원작용이 있는 제품을 와인딩한 후에 바른다.

제3제는 산화제로 2욕식의 제2제의 작용과 같다.

(4) 산성 퍼머넌트 웨이브

일반적으로 퍼머넌트 웨이브 용액의 제1제는 환원제와 환원제의 분해를 촉진시키는 암모니아수 등의 알칼리제가 있어서 실질적으로 pH 9 정도이다. 모발은 알칼리에 손상을 받기 쉬우므로 산성 퍼머넌트 웨이브제는 모발의 손상을 최소화하기 위하여 개발되었는데, pH 5~6 정도의 약산성에서 시술하는 것으로 환원작용이 약해 웨이브의 형성이 잘 되지 않고 오래 가지 못하는 문제점이 있으나, 잘못된 웨이브를 수정하는 차원에서는 유용하다.

2) 아이론 퍼머넌트 웨이브

아이론 퍼머넌트 웨이브 방식은 티오글리콜산 용액을 사용하고, 케라틴을 가수분해하여 환원반응과 산화반응을 통하여 퍼머넌트 웨이브를 형성하는 방식이다. 퍼머넌트 약제를 도포할 때는 열을 가하지 않고 제1제로 모발을 환원 상태로 만들어야 하기 때문에 pH 9 이상의 알칼리성이어야 한다. 도포하고 10분 정도 경과하면 모발은 연화, 팽윤하게 된다. 이 상태의 모발을 물로 씻고, 아이론으로 웨이브를 만든다. 그 후 제2제를 도포하고 아이론의 온도를 100℃ 이상으로 시술한다. 시술 시간은 짧아도 모발 내부는 상당히 고온이므로 약액이 부착되어 있지 않아도 모발 내에 흡수되어 있는 1액이 순간적으로 가온되어 반응을 높이고 케라틴 분자를 파괴한다. 따라서 그 뒤에 아무리 제2제를 도포하여도 모발은 원래의 강도로 돌아오지 않는다.

주의사항은 시술 시 아이론 온도가 140~180℃에 이르는 경우도 있는데 이 경우 케라틴은 열변성을 일으켜 팽화하여 위험하게 된다는 것이다. 이러할 경우 산성 린스를 하거나 제2제를 처리하여도 전혀 효과가 없다. 따라서 아이론을 사용하여 퍼머넌트 시술을 할 경우 모발이 손상되지 않게 하기 위하여 되도록 저온인 100~120℃ 정도에서 조작하는 것이 좋을 것이다.

K-S-S-K + Alkali

↓

K-SH + HOS-K

↓

K-S-S-K

그림 6-2 아이론 퍼머넌트 웨이브 형성 원리

4 퍼머넌트 웨이브제의 성분

1) 제1제

제1제의 주요 성분은 환원제로 알칼리가 첨가되어 있고 모발 침투력을 높이기 위해 계면활성제와 안정제 등이 첨가된다.

(1) 환원제

제1제의 주성분으로 환원작용에 의해 모발의 측쇄결합인 시스틴결합(이황화결합)을 절단하여 모발을 유연하게 하며, 티오글리콜산 및 시스테인이 주로 사용된다.

① 티오글리콜산

티오글리콜산(thioglycolic acid; $HSCH_2COOH$)은 약산성으로 피부를 자극하여 표피 각질을 박리시키고 염증을 일으키는 문제가 있기 때문에, 이것을 암모니아수와 같은 알칼리로 중화하여 티오글리콜산 암모늄으로 만들어 pH를 8.5~9.6 정도에서 사용한다.

티오글리콜산은 시스테인에 비하여 환원력이 강하고 가격이 저렴하여 가장 많이 사용하나, 사용 시 티오글리콜산이 분해되면서 생기는 불쾌한 냄새와 피부에 대한 자극성이 있다.

② 시스테인

시스테인은 모발을 염산으로 가수분해시켜 만든 L-시스테인으로 티오글리콜산에 비하여 냄새가 없고 피부에 대한 자극이 적은 장점이 있으나, 환원력이 티오글리콜산보다 약하여 웨이브 형성능력이 적고 수용액이 불안정하여 단기간에 산화되어 불용성인 시스틴으로 변화하는 문제점이 있기 때문에 취급에 주의하여야 하며 가격이 비싼 단점이 있다.

시판되는 상품에는 시술 후 모발의 감촉과 윤기를 좋게 하기 위하여 유지, 계면활성제 혹은 프로테인이라는 폴리펩티드, 합성 고분자물 등을 첨가하여 제1제에 의한 손상 방지와 모발 보호를 고려하여 만들고 있다.

(2) 알칼리제

모발을 팽윤시켜 약제의 침투를 촉진시키고 티오글리콜산 및 시스틴의 작용을 활성화하기 위하여 사용하며, 주로 암모니아수나 모노에탄올아민이 첨가된다.

① 암모니아수

암모니아는 약알칼리성으로 휘발성의 자극성 냄새가 있지만 모발에 다소 남아 있어도 서서히 휘발하므로 모발에 대한 손상을 적게 주고, 웨이브 형성능력이 좋아 주로 많이 사용한다.

② 모노에탄올아민

암모니아수에 비하여 pH가 낮아 팽윤성이 낮지만 손상모에 사용하여도 용해, 단모 등의 사고 위험이 적고, 모발 중에 잔류하는 시스테인으로 산화된 시스틴이 모발을 딱딱하게 하는 느낌이 있기 때문에 경모, 손상모에 힘을 주는 데 효과적이다.

(3) 기타 첨가물

① 계면활성제

비이온계면활성제를 주로 사용하며 환원제, 산화제 등의 성분이 모발에 잘 침투할 수 있도록 한다.

② 금속이온봉쇄제

산화촉진제인 철, 구리, 망간 등의 금속이온을 불활성화시켜 티오글리콜산 및 시스테인의 산화를 방지하기 위해 사용한다.

2) 제2제

제2제는 산화제로 제1제에 의해 형성된 티올(-SH)기를 산화시켜 시스틴 결합을 형성시키는 데 사용한다. 주성분은 과붕산나트륨, 과산화수소, 브롬화칼륨, 브롬화나트륨 등이 있다.

(1) 브롬산염류

산화제로 주로 사용되는 것으로 브롬산나트륨과 브롬산칼륨이 있다. 브롬산칼륨은 수용액에서 용해도가 낮으나 브롬산나트륨은 상온에서도 상당히 용해도가 높기 때문에 짙은 농도로 만드는 것이 가능하여, 제2제 처리에 걸리는 시간이 단축될 수 있다. 현재 시판되는 브롬산나트륨 용액은 8% 정도에서 20% 정도까지로 여러 가지가 있으나 실제 사용되는 농도는 5~6%가 적당하다.

(2) 과산화수소

과산화수소(H_2O_2)는 산화속도가 빨라 종전의 브롬산나트륨과 비교하여 단시간에 끝낼 수 있는 장점이 있으나, 산화작용과 동시에 모발의 멜라닌 색소를 탈색시키는 효과가 있어 탈색의 문제가 발생될 우려가 있고, 모발 끝의 웨이브가 약해진다는 결점이 있어 브롬산나트륨을 많이 사용한다.

5 퍼머넌트 웨이브 시술과정

1) 문진 및 두피관찰

퍼머넌트 웨이브 약품에 의해 상처 난 두피에 자극을 줄 우려가 있으므로 두피에 상처 및 염증이 있거나 임신한 여성의 경우 피하는 것이 좋다.

2) 모발진단

고객의 모발 상태 및 웨이브의 형태를 고려하여 퍼머넌트 웨이브 약제의 종류와 사용 농도를 설정하고 로트를 선정한다.

3) 샴푸 및 건조

모발 표면에 부착되어 있는 피지, 먼지, 헤어스타일링 제품(스프레이 및 헤어로션, 헤어크림 등)을 샴푸하여 씻어낸 후 타월드라이로 충분히 건조시킨다.

4) 제1제 도포(환원작용)

두피의 가장자리에 헤어밴드를 하여 퍼머넌트 약이 피부에 닿지 않도록 한 후 네이프 부분에서 도포하기 시작하여 전두부 부분으로 골고루 도포한다.

5) 테스트 컬(test curl)

10분 전후 지났을 때 퍼머넌트 웨이브 상태를 확인한다. 테스트했을 때 아직 충분히 연화되지 않은 경우 그 이유는 다음과 같다.

① 모질에 비하여 콜드 액이 약하다.
② 모발 자체가 액을 잘 흡수하지 않는 발수성 모발이다.
③ 환원제 도포량이 적다.
④ 반응 온도가 너무 낮다.
⑤ 콜드 액이 변화되어 액의 효과가 저하되어 있다.
⑥ 액의 반응을 방해하는 이물질이 부착되어 있다.

6) 중간 린스

중간 린스란 제1제가 다량으로 모발에 잔류해 있으면 제2제의 산화작용이 효과적으로 이루어지지 않으므로 모발에 부착된 제1제를 씻어내는 과정이다. 모발에 반응되지 않은 제1제가 잔류하게 되면 제2제의 작용이 불충분하여 형성된 웨이브가 풀어지기 쉬운 상태로 변하기 쉽게 될 수 도 있다.

그러나 티오글리콜산의 대부분은 산화되어 디티오글리콜산으로 변화하고, 미반응의 티오글리콜산이 남아 있더라도 양적으로 제2제의 작용을 방해할 정도는 아니기 때문에 생략하기도 한다.

7) 제2제 도포(산화작용)

중간 린스를 마치고 탈지면이나 거즈로 수분을 제거한 후 로트에 골고루 제2제를 도포한다. 제2제의 사용 농도는 이론상으로는 농도가 짙은 쪽의 반응이 빨리 진행되는 것이 확실하나, 실질적으로 미용실에서의 퍼머넌트 웨이브 시술로는 제2제 처리 후의 헹굼만으로는 잘 제거되지 않고 모발에 브롬산나트륨이 잔류하여, 이것이 모발의 감촉을 저해하거나 손상을 일으키는 원인이 되기도 한다. 제2제는 일반적으로 3~5%의 브롬산나트륨으로 충분하며, 고농도가 될수록 손상을 일으키게 된다.

8) 후처리

퍼머넌트 웨이브 시술 후 모발에 제2제가 잔류하면 모발이 변색할 우려가 있으므로 물로 충분히 씻어내야 한다. 또한 물로 헹궈낸 후 산성 린스를 해서 모발을 등전점으로 되돌리고, 모발에 유분이나 영양분을 공급해 주면 좋다.

제1제를 도포한 후 왜 캡을 씌울까?

1. 암모니아는 휘발성이 강하므로 캡을 씌워 휘발을 방지하여야 모발에 도포된 환원제가 골고루 작용하게 된다.
2. 도포된 환원제를 자연 방치시키면 공기 중의 산소에 의해 환원제의 작용이 방해를 받게 된다.
3. 캡을 씌우면 체온 분산을 방지하여 환원제의 반응 온도가 상승하므로 퍼머넌트 웨이브 시술 시간을 절약할 수 있다.

6 퍼머넌트 웨이브 형성에서 최적의 콜드 액 조건

웨이브를 얻는 과정이 환원작용과 산화작용의 화학반응을 거쳐 이루어지기 때문에, 사용 약제의 선정과 배합에 따라 웨이브의 형성이 달라지므로 다음의 사항을 참고하여 시술하여야 한다.

① 팽윤성이 높고, 환원력도 강할 경우

알칼리 농도가 높고 환원력이 강한 약제로 배합하였을 경우 퍼머가 되기 쉽고 웨이브도 오래 가나, 모발 손상의 우려가 있으므로 경모에 적합한 배합이다.

② 팽윤성은 높으나, 환원력이 약할 경우

알칼리 농도가 높으면 모발의 연화, 팽윤이 잘 되어 퍼머는 되기 쉬우나 웨이브가 오래 가지 않는다.

③ 팽윤성은 낮으나, 환원력이 강할 경우

연모나 손상모에 적합한 배합으로 pH가 낮은 알칼리제를 선택하여야 한다. 이러한 약제의 배합은 퍼머는 잘 되지 않으나, 일단 웨이브가 되면 오래 가는 특징이 있다.

④ 팽윤성도 낮고, 환원력도 약할 경우

퍼머가 잘 되지 않고, 웨이브도 빨리 풀린다.

연습문제

1. 퍼머넌트 웨이브의 형성 원리를 기술하시오.

2. 콜드 퍼머넌트 웨이브에서 환원제로 사용되는 성분과 그들의 장점 및 단점은?

3. 콜드 퍼머넌트 웨이브에서 산화제로 주로 사용되는 성분은?

4. 콜드 퍼머넌트 웨이브에서 제1제에 사용되는 알칼리제의 성분과 역할은?

5. 퍼머넌트 웨이브 시술과정을 기술하시오.

6. 퍼머넌트 웨이브 시술 시 테스트 컬의 목적과 컬이 안 되는 이유는?

7. 제1제 도포 시 왜 캡을 씌우는가?

8. 중간 린스를 하는 목적은?

9. 모발을 퍼머넌트 웨이브 제1제에 담그면 물에 적신 모발보다 더 작은 힘으로도 모발이 늘어나는 이유는?

① 펩티드결합이 끊어져서 ② 이온결합이 끊어져서
③ 시스틴결합이 끊어져서 ④ 수소결합이 끊어져서

10. (　　)은(는) 어떤 물질에 함유된 수소를 빼앗는 것을 의미한다. 반대로 (　　)은(는) 어떤 물질에 수소를 결합시키는 것을 의미한다. (　　) 안에 알맞은 것은?

① 환원, 산소 ② 산화, 환원 ③ 환원, 산화물 ④ 산, 염기

11. 퍼머넌트 웨이브 약제 배합 시 알칼리 농도가 높고, 환원력이 강한 약제로 배합하였다면 퍼머넌트 웨이브 상태는?

① 퍼머넌트 웨이브 시술도 쉽고 웨이브도 오래 간다.
② 퍼머넌트 웨이브 시술은 어렵지만 웨이브는 오래 간다.
③ 퍼머넌트 웨이브 시술은 쉽지만 웨이브는 빨리 풀린다.
④ 퍼머넌트 웨이브 시술도 어렵고 웨이브도 빨리 풀린다.

12. 퍼머넌트 웨이브 시술 시 사용되는 알칼리 중 모발 손상이 가장 적은 것은?

① 암모니아수 ② 모노에탄올아민
③ 중탄산나트륨 ④ 티오글리콜암모늄

13. 단백질을 가수분해하여 만든 것으로 냄새가 적고 피부에 대한 자극성도 적으나 환원력이 약한 약제는?

① 티오글리콜산　　② 시스테인
③ 티오글리콜암모늄　　④ 모노에탄올아민

14. 다음 중 산화제가 아닌 것은?

① 과산화수소　　② 과붕산나트륨
③ 브롬화나트륨　　④ 티오글리콜산

제 7 장

염색과 탈색

1 색채 이론

우리의 일상생활은 색채와 밀접한 관련을 맺고 있다. 일상의 온갖 상품에서부터 패션이나 실내 인테리어, 생활제품, 도시 환경에 이르기까지 색채는 물리적, 심리적 특성과 함께 조형적으로 활용되고 있어 우리는 매 순간 색채와 더불어 살고 있다 해도 과언이 아니다.

모발 염색도 고대에는 계급의식이나 종교의식적인 의미에서, 최근에는 새치나 흰머리를 감추어 젊게 보이기 위한 수단 이외에도 자신을 좀 더 아름답게 보이도록 하기 위하여 다양한 색상으로 염색하면서 모발 염색은 이제 패션의 한 부분이 되어 있다.

색이란 빛을 통하여 우리 눈에 느껴지는 자극을 표현하는 것으로 빛이 여러 가지 형태로 우리의 시각을 자극하면, 산란 현상에 의해 우리에게 파란 하늘을 보여주기도 하며 나뭇잎에 닿아서는 반사 흡수되어 녹색의 대지를 보여주기도 한다. 이처럼 빛이 물체에 비칠 때 굴절, 산란, 흡수, 반사작용을 거쳐 우리 눈에 각기 다른 양상의 밝기와 색을 느끼게 하는 것이다.

1) 빛과 색채

색을 알려면 빛의 특성을 이해하여야 한다. 17세기 영국의 물리학자 뉴턴은 프리즘을 이용하여 태양광을 크게 분류하여 빨강, 주황, 노랑, 초록(녹색), 파랑, 남색, 보라색의 무지개 색으로 분해하였다. 이를 통해 태양광은 다양한 색을 가진 빛의 혼합체임을 밝혀냈다. 빛은 파동과 입자를 가지고 있는데 파장에 따라 우리의 눈으로 인지하는 가시광선, 자외선, 적외선으로 분류하며 가시광선은 380~780㎚, 자외선은 380㎚ 이하, 적외선은 780㎚ 이상의 파장을 가지고 있다.

(1) 가산혼합

빛에서 나오는 색은 혼합할수록 밝아지는데 이와 같이 색을 혼합할수록 색상이 밝아지는 것을 가산혼합이라 한다. 빛의 삼원색은 적(red), 녹(green), 청자(blue) 등 세 가지 색으로, 이것은 일차색이며 이 일차색을 혼합하면 백색광이 된다.

(2) 감산혼합

색 물감을 서로 혼합하면 원래 개개의 색보다도 어두운 색이 되는데 이를 감산혼합이라 한다. 일차색을 혼합하면 이차색이 되는데 이 이차색은 청(cyan), 적자(magenta), 노랑(yellow) 등 색료의 삼원색으로, 세 가지 색료를 모두 혼합하면 검정색이 된다.

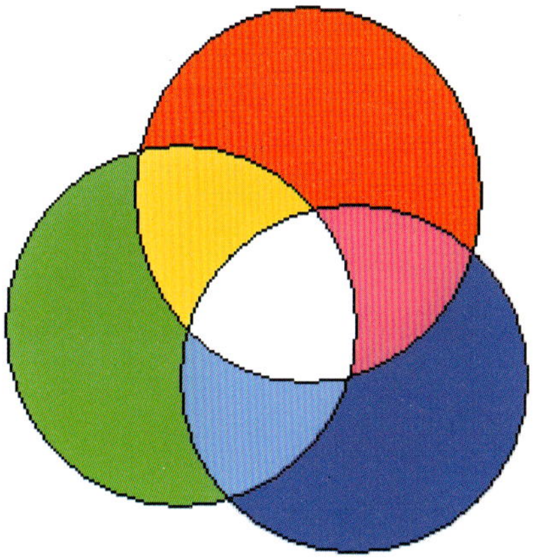

그림 7-1 빛의 삼원색과 가산혼합

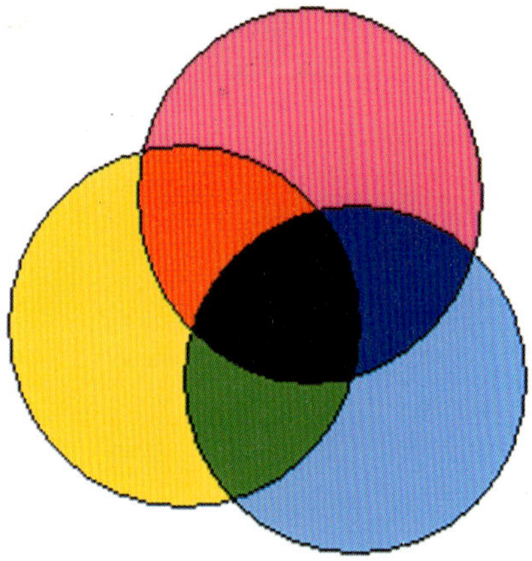

그림 7-2 물감의 삼원색과 감산혼합.
색채를 섞을수록 명도가 낮아져 어두워진다.

2) 색의 삼속성

(1) 색상(hue)

색이 가지는 속성을 의미하는 것으로 빨강, 파랑, 노랑처럼 다른 색상과 구분되는 고유의 성질을 색상이라 한다. 우리가 통상적으로 표현하는 밝은 파랑, 어두운 녹색처럼 명도나 채도의 수식어가 없이 명칭한다. 같은 색상이라도 상업적인 용도에 따라 명칭하기도 하고, 콜로니얼 블루, 캐리비언 블루와 같이 낭만적인 의미를 가진 명칭을 붙여 사용하기도 한다.

색상은 크게 무채색과 유채색으로 분류되는데 흰색, 회색, 검정과 같이 밝거나 어두운 명도만 있고 색상을 가지고 있지 않은 색을 '무채색'이라 하고, 빨강, 파랑, 노랑 등 고유의 색상을 가지고 있는 색들은 유채색이라 한다. 또 흰색이나 검은색 같은 무채색이 조금도 섞이지 않은 순수한 유채색을 순색이라 한다.

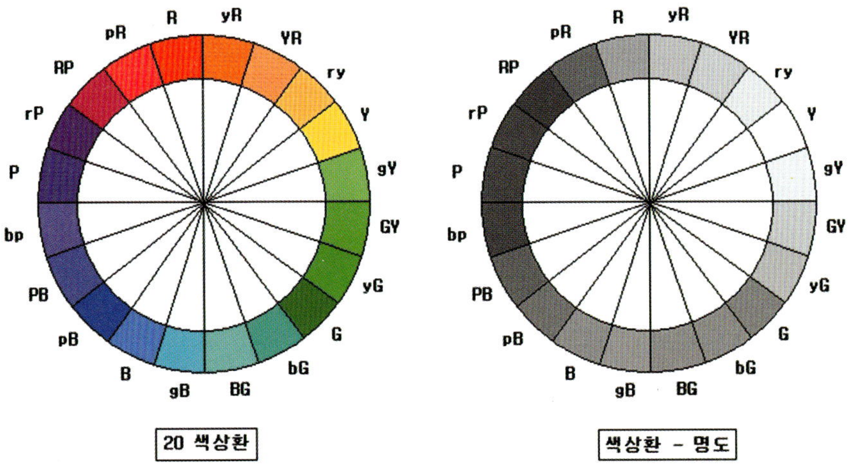

그림 7-3 색상환

(2) 명도(value)

명도는 무채색과 유채색 모두에서 나타나며 색상의 밝음과 어두움의 정도를 의미한다. 무채색에서 가장 어두운 검정을 0으로, 가장 밝은 흰색을 10으로 해서 모두 11단계의 명도를 구분하며 흰색에 가까울수록 고명도, 검정에 가까우면 저명도라 한다.

(3) 채도(chroma)

채도는 색의 선명도를 의미하며, 채도가 높다는 것은 다른 색과 혼합되지 않은 순수한 상태를 말한다. 다른 색상이 섞일수록 선명도가 낮아지게 되며 일상적으로 진한 빨강, 흐린 노랑 등으로 채도를 표현한다. 즉, 아무것도 섞이지 않은 순수한 색은 가장 선명해 채도가 높지만, 다른 색이 섞이면서 채도가 낮아지는 동시에 밝기도 변하기 때문에 채도는 명도와 직접 관련되어 있다.

3) 먼셀 시스템

먼셀 시스템은 미국의 화가이며 색채 연구가인 Alber H. Munsell에 의해 색의 3속성인 색상(Hue), 명도(Value). 채도(Chroma)의 연관성을 체계적 만든 색채 시스템이다. 1905년 창안되어 사용하다가 1943년 미국광학회(OSA) 의해 수정된 먼셀색표계를 세계적으로 널리 활용되고 있다. 먼셀 색표계는 색의 3속성인 색상(hue), 명도(value), 채도(chroma)를 두고 시각적으로 고른 색채 단계가 되도록 세로축에 명도, 원주상에 색상, 중심에서 방사상으로

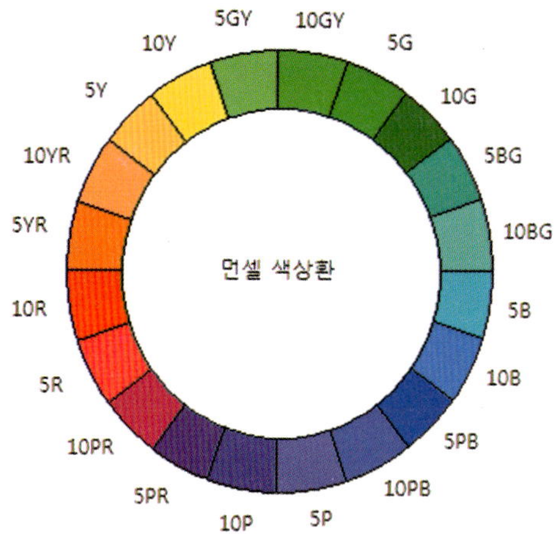

그림 7-4 먼셀 색표계

나가는 축에 채도를 배치하여 구성하였다. 고리 모양의 휴(hue) 영역의 색상은 적(R), 황(Y), 녹(G), 청(B), 자(P)의 5색을 원색으로 하고 그 중간색 주황(YR), 황록(GY), 청록(BG), 청자(PB), 적자(RP)를 배치시켜 10단계의 색상을 만든 다음, 이를 각각 10개의 색상으로 분할하여 모두 100개의 색상으로 고리 형태의 색상환을 이루고 있다.

먼셀의 색상 체계에서 명도 단계는 무채색을 기준으로 모든 빛을 흡수하는 이상적인 검정을 0으로, 모든 빛을 반사하는 이상적인 흰색을 10으로 해서 그 사이를 감각적으로 같은 간격이 되도록 11단계로 나누어 배열하였다. 색을 표시하는 방법으로 HV/C 순서로 색상을 기록한다. 예를 들어 5R4/6이라 기록되었다면 색상은 5R, 명도 4, 채도 6인 색을 나타내는 것이다.

4) 색의 대비

나란히 배열된 색들은 서로 상대방에 영향을 주거나 시각적으로 혼합되어 원래의 색채와 다르게 지각되는데 이런 현상을 색의 대비라고 한다. 색의 대비는 크게 계속대비와 동시대비로 분류할 수 있다. 계속대비는 어떤 색을 보며 자극을 받았다가 다른 색을 보았을 때 나중에 본 색이 원래와 달라 보이는 대비이며, 빨강을 보다가 흰색을 보면 빨강의 보색인 청록색이 흰색에 나타나는 것과 같은 효과인데 잔상으로 설명되기도 한다. 동시대비는 시차 없이 두 색을 동시에 보았을 때 서로의 색이 영향을 받아 달라 보이는 효과를 말하며 거의 모든 색의 대비가 이에 속한다. 색의 3속성 중 두드러진 속성에 따라 색상대비, 명도대비, 채도대비로 분류한다. 이 외에도 보색, 면적, 한난 등이 있는데 이러한 여러 대비는 인접한 색상에서 거의 동시에 나타나는 경우가 많다.

(1) 색상대비

인접한 색에 의해 실제 색에 변화를 느끼게 되는 현상으로 적색 바탕에 놓인 자주색은 적색의 보색인 청록잔상이 가해져 보라에 가깝고, 청색 바탕의 자주색은 청색의 보색인 노란색이 가해져 더 붉은 기운이 감도는 것을 느낄 수 있으며, 노란색 바탕의 주황색은 붉게, 적색 바탕의 주황은 더 노랗게 느껴진다.

(2) 명도대비

명도가 다른 색상이 인접할 때 밝은 색은 더 밝게, 어두운 색은 더 어둡게 느껴지는 효과를 의미한다. 중앙의 노란색 원은 모두 같지만 무채색 배경이 어두워질수록 더 밝고 선명해 보인다. 예를 들면 보라색 사각형 안의 원형 색상은 모두 같은 명도를 지니고 있지만 밝은 배경에서는 어둡게, 어두운 배경에서는 밝게 느껴진다.

(3) 채도대비

채도가 다른 두 색이 인접할 때 서로의 채도 차이가 더욱 커지며 고채도 색은 더욱 선명하게, 저채도 색은 더욱 흐리게 보이는 현상을 의미한다. 예를 들어 저채도의 회색 바탕에 있는 주황색이 훨씬 더 선명해 보이고 고채도인 노랑 바탕의 주황은 상대적으로 흐려 보이며, 붉은 바탕의 노랑보다 회색 바탕의 노랑이 상대적으로 채도가 높은 것같이 보인다.

(4) 보색대비

색상환에서 서로 마주보는 위치에 있는 색들인 보색이 나란히 놓일 때 서로의 채도를 높여 주어 강렬하고 선명하게 보이는 현상을 말한다. 노랑 바탕의 파랑과 녹색 바탕의 빨강은 보색관계로 서로의 채도를 높여 더욱 선명한 효과를 나타냄과 동시에 보색대비도 보여 준다.

(5) 면적대비

색면의 크기에 따라 명도와 채도가 달라 보이는 대비 효과로, 면적이 클수록 명도와 채도가 높아 보이게 된다. 순색의 경우 주위 색의 영향으로 작은 면적이 더 선명하게 보이기도 하며, 큰 면적의 노랑이 작은 면적에 비해 더 밝아 보이고, 붉은 사각형 역시 면적이 커질수록 명도와 채도가 더 높아 보인다.

(6) 한난대비

차가운 느낌의 한색과 따뜻한 느낌의 난색을 대비시켰을 때, 상대되는 한난의 속성들이 서로 상승하는 대비효과이다. 대비되는 차가운 색은 더욱 차갑게 느껴지고 따뜻한 색은 더욱 따뜻하게 느껴진다. 일반적으로 색의 차갑거나 따뜻한 효과는 색상에 의해 좌우되지만 명도에도 영향을 받는데 무채색 중 흰색은 차가운 느낌을, 검정은 따뜻한 느낌을 갖게 한다. 따라서 차가운 색이라도 명도가 낮으면 따뜻한 느낌을 더할 수 있다.

2 염모제의 종류

고대에는 계급의식이나 종교의식적인 의미에서 각종 식물의 열매, 뿌리 등의 추출물이나 황토나 광물성 재료를 이용하여 모발에 염색을 하기도 하였다. 19세기 후반 합성염료가 개발되면서 새치나 흰머리를 감추어 젊게 보이기 위한 수단 이외에도 자신을 좀 더 아름답게 보이도록 하기 위하여 다양한 색상으로 염색하면서 모발염색은 이제 패션의 한 부분이 되어 있다.

모발염색에 사용되는 염모제는 천연 염모제와 합성 염모제로 구분된다. 천연 염모제는 식물의 열매, 뿌리, 잎 등에서 색소를 추출한 식물성 염모제와 동물의 분비물에서 색소를 추출한 동물성 염모제가 있으며, 합성 염모제는 안료를 사용하는 일시적 염모제, 산성 염료와 염기성 염모제를 사용하는 반영구 염모제, 산화염료를 사용하는 영구 염모제가 있다.

1) 천연 염모제

천연 염모제는 식물성 염모제가 주로 사용된다. 그 대표적인 것으로는 헤나와 카모마일이 있는데 색상이 다양하지 못하고, 염색재료에 따라서는 쉽게 탈색되거나 머리가 뻣뻣해지는 문제점도 있다.

최근에는 흰머리 염색에 주로 사용되는 산화염료에 의해 피부에 알레르기(allergy)가 생기는 문제를 해결하기 위하여, 오징어의 먹물을 이용하여 흰머리를 염색하는 친환경적인 천연 염모제도 개발되고 있다.

[표 7-1] 천연 염모제의 종류

색 상	염색재료
적색계	소목, 홍화, 꼭두서니, 오미자, 코치닐
황색계	치자, 황백, 울금, 괴화, 대황, 감국뽕나무
청색계	쑥, 쪽, 칡, 죽여, 소귀나무
갈색계	정향, 상수리나무, 관중, 빈랑
흑색계	오이풀, 머위, 밤나무, 오징어먹물

2) 합성 염모제

합성 염모제는 일시적 염모제, 반영구 염모제, 영구 염모제로 구분되며 기본적인 특성은 다음과 같다.

[표 7-2] 합성 염모제의 종류

구분	사용 색소	특징
일시적 염모제	안료	일시적 염색에 사용되며, 샴푸로 쉽게 제거된다.
반영구 염모제	산성 염료 염기성 염료	멋내기 염색에 사용하며 2~4주간 지속된다.
영구 염모제	산화염료	주로 백모 염색에 사용하며 영구적인 지속성이 있다.

(1) 일시적 염모제

일시적 염모제로 사용되는 색소인 안료는 모발과 염착할 능력이 없어 가교제를 사용하여 염색하는 방식이다.

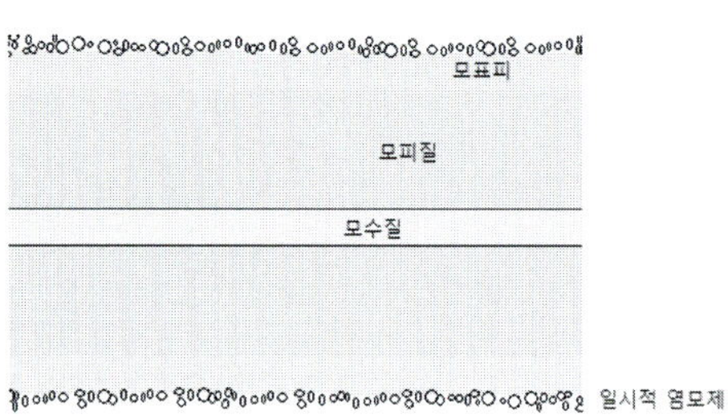

염모제 도포 → 모표피 부착

〈일시적 염모제 특징〉

- 색소가 모발에 침투하지 않고 표면에 부착되므로 쉽게 제거된다.
- 도포가 쉽고 색상을 즉각적으로 확인할 수 있다.
- 색의 지속성이 떨어진다.
- 스틱, 젤, 스프레이, 무스 등 다양한 제형이 있다.

(2) 반영구 염모제

반영구 염모제는 모발에 직접 발라 간편하게 염색이 가능하며, 통상 코팅제 또는 헤어 매니큐어라는 이름으로 사용되고 있다. 반영구 염모제는 산성에서 염색하는 산성 염모제와 알칼리성에서 염색하는 염기성 염모제가 있다.

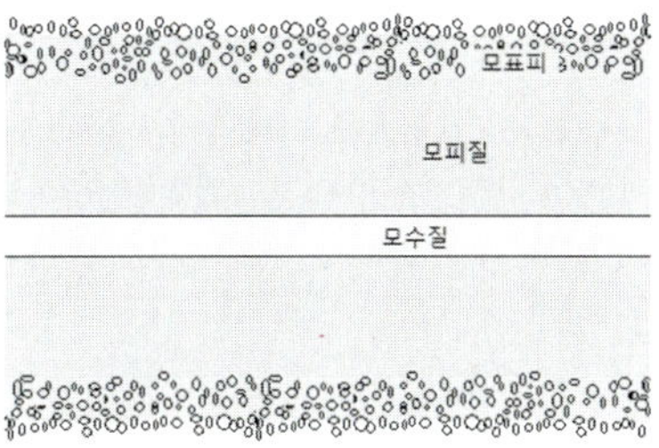

반영구적 염모제

염모제 → 염착상태 (염모제+모발의 이온결합)

① 산성 염모제

산성 염모제로 사용되는 산성 염료는 pH 2~3에서 염색하는 균염성, pH 4~5에서 염색하는 반균염성, pH 6~7에서 염색하는 불균염성이 있으며 균염성은 침투성은 좋으나 지속성이 떨어지고 불균염성은 지속성은 좋은 편이나 침투성이 떨어지는 단점이 있다.

모발의 등전대는 pH 4.5~5.5이지만 그 이하의 산성에서는 아미노산이 양전하를 띠게 되며, 수용액에서 음이온 상태인 산성 염료와 이온결합을 하여 염색하게 된다.

〈산성 염모제 특징〉

- 산성으로 염색하므로 모발의 손상이 비교적 적다.
- 이온결합에 의한 염색이므로 알칼리제인 샴푸에 의해 결합이 파괴되어 지속성이 짧다.
- 침투성을 증진시키기 위하여 침투제로 벤질알코올, 페닐에칠알코올 등을 첨가한다.
- 제품은 주로 젤 형태로 시판되고 있다.

② 염기성 염모제

염기성 염모제는 합성 염료 중 가장 먼저 개발된 염료로 처음에는 양모, 견, 피혁 등에 사용되었으며, 화려한 색상을 가지고 있으나 일광에는 변색이 쉬운 특징을 가지고 있다. 염기성 염모제는 pH 8~9의 알칼리성으로 염색하므로 모표피가 팽윤하여 염료가 쉽게 침투하며, 침투된 염료는 모발의 아미노산과 염결합을 하게 된다.

〈염기성 염모제 성분〉

- 색소성분 : 기본적으로 니트로 아미노페놀(nitro-aminophenol), 니트로 페닐렌디아민(nitro-phenylenediamine), 테트라 아미노안트라퀴논(tetra-amino-anthraquinone) 등이 있다.
- 계면활성제 : 거품의 생성으로 염료의 침투를 도와 준다.
- 증점제 : 사용시 흘러내리지 않도록 카르복시메틸 셀룰로오스, 하이드록시에틸 셀룰로오스 등을 사용한다.
- 염료용해제 : 염료의 용해를 위하여 에틸알코올, 프로필렌글리콜 등이 첨가된다.
- 모발보호제 : 모발의 손상을 막기 위하여 알킬올아민 등을 사용한다.

〈염기성 염모제 특징〉

- 염색 후 모발의 손상이 영구 염모제에 비해 비교적 적다.
- 색소의 지속성은 산성 염모제에 비해 양호하다.
- 색상이 화려한 색상이 많다.

(3) 영구 염모제

영구 염모제는 다른 염모제와는 다르게 염료중간체를 산화제로 산화시켜 불용성 색소를 만들게 되는 염모제로, 물에 불용성이므로 샴푸 시 염모제의 탈락이 거의 없기 때문에 영구 염모제 또는 산화 염모제라 불리게 되었다.

영구 염모제는 1제와 2제로 구성되어 있으며, 1제는 염료중간체, 레조르신과 같은 다가 페놀류의 염료수정제와 염료의 침투를 돕기 위한 알칼리제로 구성되어 있다. 2제는 산화제(주로 과산화수소 사용)로, 1제에 포함된 염료중간체를 산화시켜 분자량이 큰 불용성 색소를 형성시킴과 동시에 모발의 색소성분인 멜라닌 색소를 파괴시키는 역할을 한다.

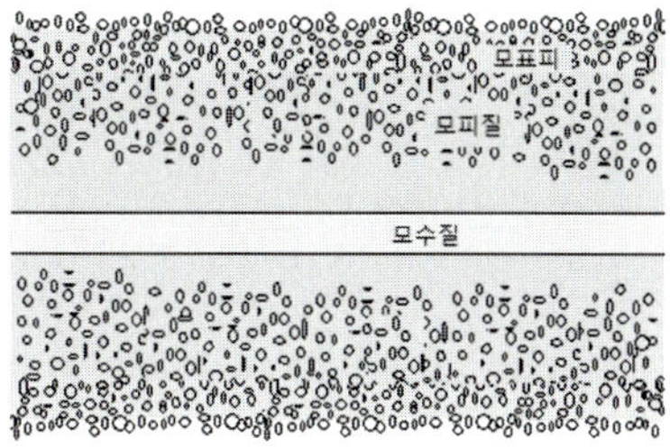

영구적 염모제

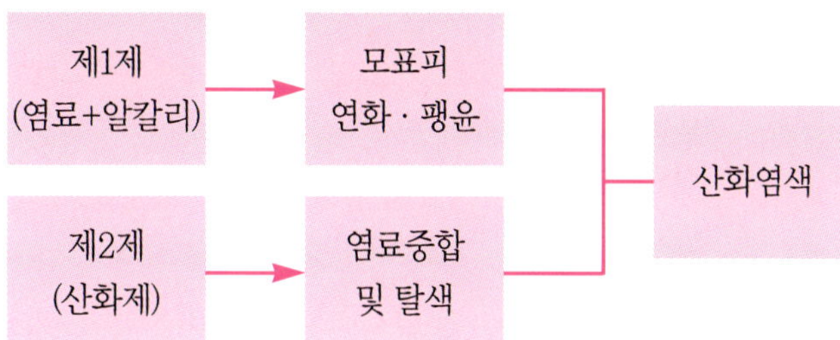

〈영구 염모제 성분〉

- 염료중간체 : 색상을 나타내는 색소는 아니지만 산화에 의해 색상을 나타내는 물질로 파라페닐렌디아민과 같은 방향족 아미노 화합물이 있다.
- 염료수정제 : 염료중간체와 반응하여 다양한 색상의 변화를 주는 물질로 레조르신과 같은 다가 페놀화합물을 사용한다.
- 알칼리제 : 모발을 팽윤시켜 염료중간체와 염료수정제가 모피질 내부로 침투하도록 도와 주며 과산화수소의 분해를 촉진시켜 색소 형성을 도와주며, 주로 액상의 경우 암모니아를, 젤 타입의 경우는 모노에탄올아민을 첨가한다.
- 고급 지방산 : 알칼리제와 반응하여 비누를 형성하여 용매작용과 분산작용으로 염료중간체와 염료수정제의 침투를 도와 주고 세정을 용이하게 한다.
- 용제 : 염료중간체 및 수불용성 물질의 용해를 도와 주는 역할을 하는 것으로 에탄올과 같은 저급 알코올류를 사용한다.
- 산화제 : 주로 과산화수소와 과붕산나트륨이 사용되고 있으며, 염료중간체를 산화시켜 색상이 나타나도록 도와 주는 동시에 모발의 멜라닌 색소를 파괴시키는 역할을 한다.
- pH 조정제 : 과산화수소의 반응을 안정화하고 안정제의 효과를 높이기

위해 인산을 첨가한다.

〈영구 염모제 특징〉

- 염색 후 색상의 지속성이 길다.
- 백모 염색 시 커버력이 좋아 효과적이다.
- 염모제 성분의 알칼리와 산화제에 의해 모발의 손상이 있다.
- 페놀성분에 의한 알레르기(allergy) 반응으로 피부염 발생 우려가 있다.

패치테스트란?

산화염료에는 페놀성분이 함유되어 있어 피부에 트러블이 발생할 우려가 있으므로 피부에 테스트하는 방법

① 팔 안쪽, 귀 뒤쪽을 비눗물로 잘 씻고 타월로 닦는다.
② 염모제와 산화제를 동일한 양으로 섞어 혼합액을 만든다.
③ 혼합액을 동전 크기로 바르고 자연 건조시킨 후 24~48시간 방치한다.
④ 이상이 없으면 염색을 실시한다.
⑤ 가렵거나 붓거나 자극이 나타나면 바로 세척한다.

3 탈색

탈색이란 모발의 색상을 나타내는 멜라닌 색소를 산화반응에 의해 부분적 또는 전체적으로 색상을 변화시키는 과정이다. 탈색은 모발의 색상을 좌우하는 멜라닌 색소의 특성에 따라 달라지는데, 유멜라닌과 같이 분산되어 있지 않은 경우에는 탈색의 효과가 높기 때문에 흑색에서 갈색, 오렌지색, 금발의 색상으로 변화하나, 페오멜라닌의 경우 색소가 분산되어 있어 시간이 많이 소요된다.

1) 주요 성분

(1) 산화제

산화제로는 주로 과산화수소(H_2O_2)나 과황산나트륨(sodium persulfate),

과황산칼륨(potasium persulfate), 과황산암모늄(ammonium persulfate)과 같은 과산화물이 있으며 용도에 따라 크림형, 분말형, 오일형 등이 있는데 형태별 특징은 다음과 같다.

① 분말 타입

분말 타입은 반응시간이 빠르고 산화작용이 강하여 모발의 손상이 크므로 전체 탈색보다 부분 탈색 시 주로 사용하는 것이 좋다. 탈색 반응이 빠르므로 색상 변화에 대하여 주의하여야 하며 피부에 닿으면 트러블이 있으므로 두피에 닿지 않도록 주의하여야 한다.

- 1회 탈색 시 4레벨 정도 밝아진다.
- 탈색과정을 눈으로 확인하여 얼룩이 지지 않도록 해야 한다.
- 1 : 1.5의 비율로 산화제와 혼합하여 사용하여야 한다.
- 염색 모발의 컬러를 교정하거나 레벨 업(level-up)할 때 사용한다.

② 오일 타입

오일 타입은 액체 형태이기 때문에 산화반응이 빨라 탈색 진행상태를 쉽게 파악할 수 있다. 또한 버진 헤어나 경모를 탈색하는 데 탈색시간을 단축할 수 있고, 샴푸 시 점도가 높은 타입보다 샴푸하기가 좋다. 그러나 모발에 침투력이 좋고, 산화력이 좋아 모발의 손상 우려가 있다.

③ 크림 타입

크림 타입은 약제를 도포한 부분이 확연히 보이므로 1차 도포한 부분에 덧바르지 않게 되고 시술할 동안 건조해지지 않으므로 서두를 필요가 없다. 또한 약제가 흘러내리지 않아 재염색 시술 시 매우 편리하고, 모발에 지나치게 흡수되지 않을 뿐 아니라 일정량의 컨디셔너를 함유하고 있기 때문에 모발의 손상이 적다. 반면 탈색 상황을 육안으로 확인하기 힘들고 진행속도가 느리기 때문에 탈색에 많은 시간이 소요된다.

④ 과산화수소

탈색에 사용되는 과산화수소의 농도는 주로 6%, 9%인데, 각각의 산소형성량은 20볼륨, 30볼륨이다. 6%의 과산화수소는 20볼륨을 현성하기 위하여 20~30분 정도의 시간이 소요된다. 표 7-3은 과산화수소 농도에 따른 산소형성량을 나타냈다.

[표 7-3] 과산화수소 농도와 산소형성량

과산화수소농도	산소형성량	모발과 명도
3%	10 Volume	명도를 tone 이상 밝게 할 수 없다.
6%	20 Volume	명도를 1 레벨 정도 밝게 할 수 있다.
9%	30 Volume	명도를 2 레벨 정도 밝게 할 수 있다.
12%	40 Volume	명도를 3 레벨 정도 밝게 할 수 있다

(2) 알칼리제

알칼리제는 모발을 연화, 팽윤시켜 산화제의 침투를 원활하게 하며 산화제가 분해되기 위해 필요한 pH를 조절하고, 산화제의 분해를 촉진시켜 산화에 필요한 산소가 잘 방출되도록 촉매작용을 한다. 알칼리제로 사용하는 약제로는 암모니아수나 분말 타입의 암모늄 카보네이트(ammonium carbonate)를 사용한다.

(3) 기타 첨가물

모발보호제 : 유지성분으로 모발에 부착하여 모발을 보호한다.

2) 탈색 메커니즘

알칼리에 의해 모표피가 연화, 팽윤되고 모발 내의 멜라닌 색소는 과산화수소의 분해에 의해 발생한 활성산소가 멜라닌의 결합을 손상시켜 옥시 멜라닌 형태로 변화되면서 시간이 지남에 따라 모발의 색을 흑색에서 어두운 갈색, 오렌지색, 노랑, 무색으로 만들어 간다.

3) 탈색 시술과정

① 고객의 피부를 보호하기 위해 타올을 두르고 염색용 cap을 씌운다.
② 두피와 모발 상태를 분석한다. 만약 두피에 염증이나 손상이 있을 경우 시술을 금한다.
③ 만약 toner를 사용한다면 패치 테스트를 실시하고, 음성 반응일 경우에만 사용한다.
④ 모발을 4등분으로 블로킹한다.

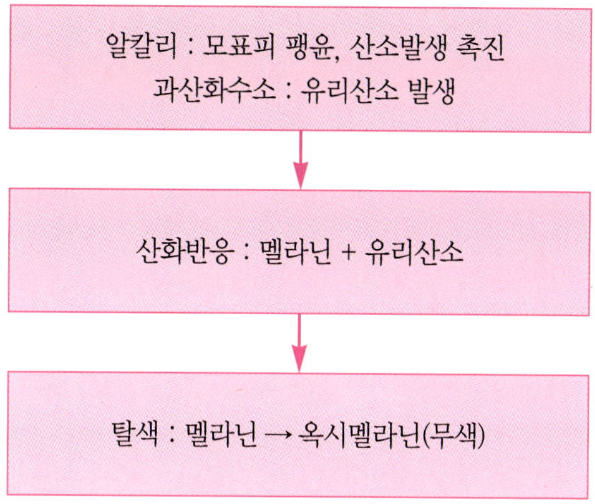

그림 7-5 탈색 메커니즘

⑤ 두피를 보호하기 위해 보호용 크림을 헤어라인과 귀 뒤에 도포한다.

⑥ 시술자는 보호용 장갑을 착용한다.

⑦ 탈색제는 배합한 후 즉시 사용한다. 배합 후 시간이 경과하면 산화제의 효능이 저하된다.

⑧ 산화제를 모발에 도포한다.

⑨ 탈색과정을 확인한다. 육안으로 확인하여 지정된 시간보다 15분 전에 첫 번째 검사를 한다. 만약 탈색이 충분하지 않으면 탈색제를 재도포하여 원하는 색상이 될 때까지 체크한다.

⑩ 탈색 완료 후 헹구어 낸다. 샴푸는 산성 샴푸로 부드럽게 사용하며 손으로 모발이 엉키는 것을 피한다.

⑪ 타월드라이로 모발을 말리고, 차가운 바람으로 모발을 완전히 건조시킨다.

연습문제

1. 색의 삼속성은?

2. 감산혼합에 대하여 설명하시오.

3. 색소가 모발에 침투하지 않아 색상은 즉각적으로 확인이 가능하나 색의 지속성이 떨어지는 염모제는?

4. 염료중간체가 산화제에 의해 불용성 색소로 변화되어 염색되는 염모제는?

5. 색상의 지속성과 백모 염색 시 커버력이 우수한 염모제는?

6. 산성으로 염색하므로 모발 손상이 적으나 샴푸 시 지속성이 부족한 염모제는?

7. 알칼리성으로 염색하며 화려한 색상이 많은 염모제는?

8. 염모제에 포함된 페놀 성분으로, 사용 시 피부에 대한 알레르기를 확인하는 방법은 무엇인가?

9. 탈색 시 산화제로 사용되는 약제는?

10. 탈색 시 알칼리제를 사용하는 목적은?

11. 가시광선의 파장 길이는?

① 300~400㎚　② 400~780㎚
③ 800~1000㎚　④ 1000~1200㎚

12. 다른 색상이 인접할 때 밝은 색은 더 밝게, 어두운 색은 더 어둡게 느껴지는 효과는?

① 색상대비　② 명도대비　③ 채도대비　④ 보색대비

13. 색상은 다양하지 못하나 친환경적으로 피부에 대한 알레르기 문제가 거의 없는 염모제는?

① 일시적 염모제　② 반영구 염모제
③ 천연 염모제　④ 영구 염모제

14. 염색 시 결합력이 없어 가교제를 사용하여 염색이 이루어지는 염모제는?

① 일시적 염모제　② 반영구 염모제
③ 천연 염모제　④ 영구 염모제

15. 제1제로 염료중간체와 알칼리를 사용하고 제2제의 산화작용으로 멜라닌 색소의 분해와 염료의 중합에 의해 염색이 이루어지는 염모제는?

① 일시적 염모제
② 반영구 염모제
③ 천연 염모제
④ 영구 염모제

16. 염색 시 모발의 손상이 가장 심한 염모제는?

① 일시적 염모제
② 반영구 염모제
③ 천연 염모제
④ 영구 염모제

17. 탈색 시 사용되는 탈색제 중 반응시간이 빨라 부분 탈색에 많이 사용하는 탈색제 타입은?

① 오일 타입 ② 분말 타입 ③ 크림 타입 ④ 액상 타입

18. 탈색에 사용하는 9% 과산화수소 용액은 산소 형성량이 몇 volume인가?

① 10 volume ② 20 volume ③ 30 volume ④ 40 volume

19. 다음 중 산화제로 사용되지 않는 것은?

① 과산화수소
② 과황산나트륨
③ 과황산암모늄
④ 아황산수소나트륨

20. 색을 혼합할수록 색이 밝아지는 색의 혼합은?

① 가산혼합 ② 감산혼합 ③ 병립혼합 ④ 색료혼합

21. 탈색 시 탈색효과가 가장 쉽게 나타나는 모발 색상은?

① 흑색　② 갈색　③ 오렌지색　④ 금발

22. 다음 중 무색인 것은?

① 유멜라닌　② 페오멜라닌　③ 옥시멜라닌　④ 멜라닌 색소

제 8 장

모발 및 두피관리

1 모발의 손상

모발을 스타일링이나 펌, 염색함으로써 자신을 아름답게 표현하는 것은 인간의 기본적인 욕구일 것이다. 그러나 모발은 물리적 충격, 화학약품, 유해환경, 영양문제 등으로 쉽게 손상된다. 모발의 손상 원인이 단순히 한 가지 문제로만 발생되는 것이 아니라 복합적인 원인에 기인되므로 손상 원인에 대해서는 더욱 폭넓은 관점에서 다루어야 한다.

모발의 손상 원인으로는 헤어드라이, 헤어아이론 등의 열 건조에 의한 손상과 브러싱 등에 의한 마찰 외에도 자외선에 의한 손상과 퍼머넌트 웨이브 약액이나 염색제, 블리치제에 의한 손상을 들 수 있다.

손상된 모발은 만져 보거나 시진(보면서 진단)에 의한 관찰로도 확인할 수 있다.

1) 물리적 원인(cause of damage)

(1) 마찰에 의한 손상(damage from friction)

모표피는 5~15겹의 단단한 케라틴이라는 경단백질로 구성되어 있고 결정영역이 많으므로 외부로부터의 자극에 충분히 견디어 낼 수 있으나 계속되는 마찰과 과도한 충격에는 손상되기 쉽다. 일반적으로 샴푸 시에는 샴푸의 거품에 의해 모발끼리의 마찰이 방지되나 빈번한 샴푸, 무리한 브러싱, 타월 드라이, 빗질 등으로 모발과 모발의 마찰에 의해 상당한 자극을 받게 된다. 그러므로 모발의 손상을 방지하기 위해선 무리한 빗질을 피하고, 모표피에 얇은 피막을 만들어 브러시와의 마찰을 감소시키는 것이 중요하다.

모표피의 손상은 모피질의 노출을 쉽게 할 수 있으므로 모발에 보호제를 도포한 후 시술하면 손상을 최소화시킬 수 있다.

(2) 열에 의한 손상(damage from heat)

모발은 120℃ 정도부터 케라틴의 변성이 일어나기 시작하며, 130~150℃ 이상의 열을 모발에 가하면 팽창하여 변형을 일으킬 뿐만 아니라 검은 모발의 경우 다갈색으로 변색된다. 모발은 보통 10~15%의 수분을 함유하고 있지만 가열하면, 이들의 수분이 증발 건조되어 감촉이 악화되므로 열기구를 사용할 경우 주의하여야 한다. 일상적으로 사용하는 블로우드라이, 헤어드라이어기, 아이론 등에 의해 모발이 손상되기 쉽다. 블로우드라이 시 온도는 대개 90℃ 전후가 적절한데, 드라이어를 모발에 너무 밀착시켜 드라이를 하면 모발이 급격히 건조되어 윤기도 없고 손상될 수 있다. 또한 아이론 펌을 할 때 모발에 고온의 열을 가하면 단백질을 변성시키므로 아이론의 온도는 180℃ 전후가 적절하다. 전기 세팅기는 모발을 말린 상태에서 강한 열에 의해 시술하므로 이를 최소화하기 위해 제품을 사전 처리하는 것이 좋으며, 사용온도는 130~140℃를 권장한다.

셋팅 펌의 경우도 마찬가지로 모발에 직접적인 열을 가하므로 시술 전에 헤어 트리트먼트를 충분하게 하여 손상을 줄이는 방법을 연구해야 한다.

(3) 커트 불량에 의한 손상

날이 고르지 못하고 무딘 가위로 커트하거나 스트록 커트와 숙련된 커트 기술이 요하는 경우 커트 기술 미숙으로 모표피가 불규칙하게 커트되는 경우가 발생된다. 이와 같은 경우 잘못 커트한 부분과 손상된 부분으로부터 모피질 내의 수분이 손실되거나 약제가 침투하기 쉽게 되어 기모와 분열모가 쉽게 발생한다. 작업 시 잘 드는 깨끗한 가윗날과 레이저를 사용해야 하며 모발에 수분을 도포하여 젖은 상태에서 커트를 해야 하고 모발의 절단면에 트리트먼트제 등을 도포하면 모발의 보호에 도움이 된다.

2) 화학적 요인

(1) 퍼머넌트 웨이브 시술 불량에 의한 손상

2욕식 콜드 퍼머넌트 웨이브 시술 시 약제의 선정에 주의하여야 한다. 제1제를 모발에 과잉 도포하거나 처리시간이 길어지면 과잉으로 반응하게 되며, 제2제의 처리 불량, 방치시간 부족 등으로 모발에 잔류된 제1제는 모발을 환원상태로 유지시키므로 손상의 원인이 된다. 또한 롯드 제거 후 산성 린스 처리가 불충분하면 모발 중에 알칼리가 잔류하거나 산화제가 남아 있게 되어 단백질의 변성과 멜라닌 색소의 퇴색을 일으키게 한다. 즉, 제1제로 사용되는 환원제와 알칼리제 사용 시 pH가 높으면 모발의 팽윤도가 커지고 pH 9.0 이상이 되면 급격하게 상승하며 pH가 높은 만큼 웨이브(wave)는 양호하다.

반면 pH를 낮게 하면 모발의 손상을 일으킬 가능성은 적어지지만 웨이브(wave)의 형성력은 약하게 된다. 퍼머넌트 웨이브 시술 후, 산성 린스를 하면 미처리모의 팽윤에 가깝게 된다.

(2) 과도한 탈색 및 염색에 의한 손상

특히 탈색제에는 산화제와 알칼리제를 사용하기 때문에 모발의 손상 원인 중 많은 비중을 차지한다. 알칼리제는 모표피를 연화, 팽윤시키고 산화제인 과산화수소는 모피질 내 멜라닌 색소의 산화 탈색작용을 일으킨다. 염색과 탈색을 반복적으로 거듭하면, 모발은 팽윤 · 연화가 반복되거나 모표피의 왜곡(비틀려 구부러짐)이 발생하여 손상의 원인이 된다.

3) 생리적 요인

(1) 다이어트(diet)와 편식에 의한 손상

최근에는 젊은 층에서 외모에 대한 열풍으로 다이어트 및 인스턴트 음식에 길들여진 세대에서는 편식의 문제로 모발의 손상이 되고 있다. 건강한 모발을 유지하기 위해선 모발의 구성성분인 단백질(대두, 멸치, 어유, 우유, 고기, 계란)을 비롯한 균형 있는 영양소의 섭취가 중요하다. 이 외에도 비타민과 미네랄의 섭취에도 간과해서는 안 된다. 비타민 A, D는 피부를 강하게 하여 비듬과 탈모를 막아 주고, 탈모 후 모발 재생에 대해 효과가 있으며, 요오드는 젊게 만든다는 갑상샘호르몬의 분비를 촉진시켜 모발 성장을 도와 준다.

(2) 스트레스에 의한 손상

복잡한 현대인의 생활에서 스트레스는 여러 가지 문제를 야기한다. 과도한 스트레스는 소화장애를 일으켜 모발에 영양소 공급을 적게 하고 모세혈관을 수축시켜 모유두에 영양공급을 억제하게 한다. 또한 각종 호르몬 분비를 약화 또는 억제시켜 모발 손상의 원인이 된다.

4) 일상적 요인

(1) 일광에 의한 손상

태양광선은 파장의 길이에 따라서 적외선, 가시광선, 자외선의 3개로 대별된다. 이 중에서 모발에 영향을 주는 것은 적외선과 자외선이다. 적외선은 열선이라 부르고 있고, 물체에 닿으면 열을 발생시킨다. 이 열에 의해 모발이 손상을 받게 되는 것이다. 자외선은 케라틴의 시스테인 결합을 파괴하므로 강도나 탄력이 저하되고, 모발은 항상 10~15% 정도의 수분을 함유하고 있으므로 모발의 부드러움을 유지하게 되는데, 공기가 너무 건조하면 수분 함량이 줄어 푸석푸석해진다. 따라서 직사광선을 피하고 모발을 건조하지 않게 유지하여야 한다.

(2) 스타일링제에 의한 손상

스타일링제는 모발의 형태를 유지하기 위해 사용한다. 그러나 두피에 사용될 경우 제품에 포함된 여러 가지 폴리머 성분과 유지 성분이 모공을 막아 모발 성장에 장애요인으로 작용할 수 있다. 또한 모발 표면에 사용된 스타일링제는 시간이 지날수록 공기 중의 먼지와 오염물질을 흡착하게 되므로 사용 후에는 깨끗이 샴푸해 주는 것이 좋다.

(3) 염소에 의한 손상

염소는 수돗물 정화작용이나 수영장의 물 소독에 사용된다. 염소는 물에 용해되어 이온화되면서 산화성 반응물질이 되어 모발의 결합을 절단하며, 멜라닌 색소를 산화시켜 모발의 색을 퇴색시키는 요인으로 작용한다.

(4) 대기오염에 의한 손상

산업화가 진행되면서 대기 중에는 공장에서 배출되는 연소가스와 자동차 배기가스인 황산화합물(SO_2, SO_3), 질소산화물(NO, NO_2) 등이 많아졌고, 이는 모발의 손상에 영향을 주는 요인으로 작용한다. 또한 대기 중의 티끌, 먼지 등으로 모표피에 물리적 손상을 주기도 한다.

2 손상모의 진단

1) 감각적 진단

모발을 눈으로 보아 광택 유무나, 손으로 만져 피지의 부착, 끈기, 기모상태, 빗질상태 등의 느낌에 따라 평가한다. 이러한 감각적 진단으로는 객관적인 평가가 곤란하므로 판단 기준을 표준형 모델로 만들어 평가하면 어느 정도 정확하게 진단할 수 있다.

2) 마찰 저항 진단

모표피의 손상이 큰 만큼 마찰 저항은 크게 된다. 결국 모발의 표면이 조밀하게 되어, 손에 닿는 감촉이나 빗질이 나쁘게 된다. 손상 정도는 진단과 동시에 모발보호제(brushing제, treatment제) 등의 효과의 판단에도 사용된다.

3) 인장 강도 진단

모발에 서서히 힘을 가하면서 그때의 무게와 늘어남과의 관계를 그 모발의 단위면적으로 산출하여 기록하고 있다. 그런데 모발의 강도와 신도는 주로 모발의 내부구조(모피질)에 따라 변화가 크다. 즉, 모발의 손상도만큼 늘어나는 비율이 크고, 적은 하중에도 쉽게 끊어진다(파단중량). 건강모는 신장률이 일정하고 파단중량도 크기 때문에 그래프는 손상모보다 월등하다.

4) 팽윤도 측정

팽윤도 측정은 모발의 수분 흡수량을 모발의 중량 증가를 기준으로 조사한다. 일정한 온도, 습도하에서 모발을 일정시간 침전시킨 후 원심분리(zentrifuge)기로 처리하여 부착되어 있는 수분을 제거하고 모발 내부에 흡수된 수분의 중량을 측정한다. 일반적으로 건강한 모발의 경우는 15% 전후 중량이 증가하지만 손상된 만큼 중량 증가가 크게 된다. 이는 모발에 물을 분무하였을 때, 정상모는 친유성이므로 물방울을 튕겨 내지만 손상모는 친수성인 모피질 부분에서 물방울을 흡수하기 때문이다.

5) 알칼리 용해도

모발을 알칼리 용액으로 처리하면 모발의 중량이 감소한다. 모표피의 손상이 심할수록 중량 감소량이 크게 된다. 이것은 모발 내부(모피질)의 간충물질이 알칼리 용액에 용해되어 모표피의 손상 부분에서 흘러나오기 때문이다.

6) 아미노산의 조성 변화 측정

모발에 있는 아미노산을 가수분해하여 아미노산 양의 변화를 분석한다. 손상도가 증가하면 가장 많이 함유되어 있는 시스틴 양이 감소하고, 시스테인산 양이 증가한다.

이상으로 손상 정도의 진단에 대해서 주로 시험법을 기술하였다. 모발에 대한 손상도를 더욱 정확하게 파악하기 위해서는 하나의 시험법뿐만 아니라 될 수 있는 한 많은 시험을 실시하여 종합적으로 진단할 필요가 있다.

3 모발 구조의 이상

모발 구조의 이상은 유전적인 원인, 후천적인 원인, 발병의 인과관계가 불분명한 모간이상으로 나눌 수 있다.

1) 연주모

모발의 중간 중간에 작은 결절이 있는 것을 말하며 유전되는 선천성 질환으로 두피 모발에 다발성 결절들이 형성되고 결절들의 사이는 위축되어 마치 진주목걸이 또는 염주같은 모양의 모발이 형성된다. 결절 부위에서 모발이 쉽게 부서진다. 주로 유아 및 소아기에 뚜렷하게 나타나고, 여름철과 임신 시에 호전되는 경향이 있으며 사춘기에 자연적으로 소실되는 경향이 있으나 평생 지속될 수도 있다.

모낭각화증을 동반하기도 하며 짧고 부서지기 쉬운 모와 모낭이 각화된 구진이 관찰되기도 한다.

2) 결절성 열모증

모표피의 어떤 부분이 파괴되어 피질이 노출되어 보이는 부분이 굴곡되어 하얗게 보이고 당기면 결절부가 끊겨서 열모상태가 되는 것으로, 모간에 불규칙한 간격으로 배열된 작은 백색 결절들이 발생되며 결절들을 현미경으로 살펴보면 모피질이 부러져 많은 가닥으로 갈라져 마치 두 개의 빗자루를 양 끝으로 붙여 놓은 것 같다. 이 질환은 주로 두발에서 발생하나 음모 및 겨드랑이의 모발에서도 발생할 수 있다.

선천성인 경우에는 전신에서 나타나고 후천성인 경우에는 자학 증세가 있는 정신질환이나 가려움증이 심한 피부 질환에서 긁거나 문지르는 물리적 원인에 의해 발생한다. 드물게 화학물질에 의한 손상에 의해 또는 대사질환에서도 발생된다.

모발이 엉켜 있고 매듭져 있어서 드라이하거나 빗질을 할 때 강한 당김에 의해 끊어질 위험이 있으며 빈모증과 탈모증이 동반되기도 한다. 치료로는 모발의 외상을 피하는 방법이 최선이다.

3) 염전모(twisted hair)

염전모는 선천적인 경우뿐만 아니라 후천적으로도 발생할 수 있다. 모발은 장축에 따라 나사 모양으로 꼬이며, 편평하게 된다. 색이 옅은 부위와 진한 부분으로 나타나기 때문에 반짝반짝 빛나는 형태를 띠며, 육안으로 볼 때 부분적인 탈모 현상이 나타나며, 모발은 짧고 쉽게 부서진다. 소아기의 두피나, 눈썹, 속눈썹에서 발생되며, 사춘기에 호전된다.

4) 함입성 열모증(bamboo hair)

대나무 모양의 털(bamboo hair)이라고 알려져 있으며 각화를 시작하는 모낭의 부위에서 원위부의 털이 근위부의 털로 말려 들어가 결절이 형성되는 질환이다. 모피질 내에서의 황화수소기(-SH)가 황결합(S-S)으로 치환되는 것이 결핍되어 모피질이 연약해지고 이렇게 연약해진 모피질이 손상되어 말려들어가게 된다. 유전적으로 상염색체성 열성으로 여아나 소아기의 여자들에게서 잘 발생한다. 사춘기나 성인기 초기에 자연 치유된다.

5) 황 결핍성 모발 이영양증

드물게 발생하는 상염색체 열성 유전에 의해 발생하는 질환이다. 본 질환의 특징은 황 결핍에 의해 모발이 부스러지기 쉬우며 정신지체와 신체지체가 동반된다. 모발의 특징은 머리카락뿐 아니라 눈썹, 속눈썹을 포함한 모든 성모에 나타난다. 현미경 시야에서 모발을 관찰하면 마치 호랑이 꼬리를 보는 것과 같은 느낌이 들고 편광현미경 시야에서는 여러 개의 리본을 나열해 놓은 모양으로 보인다. 생화학적인 검사상 황(sulfur)이 포함된 단백질의 생산이 결핍되어 있는 것을 확인할 수 있다.

6) 백륜모

모발로부터 멜라닌세포가 사라져 머리카락이 흰색이 된 상태를 말하며, 이 질환은 드문 선천성 질환으로 흑백의 모발이 섞여 있기도 하고, 완전한 백모

상태를 이루기도 하고 부분백모가 일어나기도 한다.

모발 내에 고리 모양이 나타나는데, 이것은 모피질 내에 비정상적으로 공기가 함유되어 빛의 반사 차이에 의해 흑색과 백색의 띠가 교대로 나타나기 때문이다.

모발의 성장은 정상이며 피부나 다른 기관의 질환과는 관련이 없으나 발진티푸스나 독감 등의 질환을 앓아 생기기도 한다. 원인은 불확실하나 가족적으로 발생하는 것으로 보아 유전적인 요인이 작용하는 것은 사실이다. 남녀 및 종족간의 차이는 없고 모발의 굵기에 따라 색상에 차이를 나타내기도 한다. 가끔은 심한 정신적 충격이나 심각한 스트레스 이후 또는 특정 방사선 노출, 당뇨, 영양실조, 빈혈 등이 원인이 될 수도 있다.

주로 옅은 색깔의 모발을 지닌 사람에게서 유발하며, 원인이 확실히 알려져 있지 않기에 특별한 치료법은 없고 계속 유지되는 것으로 알려져 있다.

7) 양털 모양 모발

흑인에게서 가장 흔히 볼 수 있는 질환으로 유전성인 경우와 모발의 일부에 국한되어 나타나는 양모 모반(wooly hair nevus)이 있다. 가늘고 밀집된 곱슬머리가 출생할 때부터 나타나고 아동기에 가장 심해져서 모발이 12cm 이상 자라지 않지만 어른이 되면 어느 정도 호전된다. 이러한 모발은 한 타래로 뭉쳐져 있어 빗질이 힘든 경우가 있다. 염전모나 결절성 열모증과 동반되기도 하나 다른 피부 질환이나 전신 질환이 동반되지는 않는다.

8) 빗질 어려운 모발 증후군

주로 유아기 또는 사춘기에 나타나는데 두발이 천천히 자라며 유리실과 같은 은발의 양상으로 나타난다. 두발은 손질이 잘 안 되며 관리하기가 어려워 제멋대로 자라난다. 육안으로 보면 모발의 외형적인 변화는 관찰되지 않지만 현미경하에서는 가로세로로 불규칙한 균열이 관찰된다.

9) 두 갈래 모발

두 갈래 모발은 드문 질환으로, 모간(hair shaft)을 따라 다수의 불규칙한 간격을 두고 두 갈래로 나누어져서 두 개의 평행한 가지를 내는 것이며 이 두 갈래는 다시 하나로 합쳐진다. 8번 염색체의 3염색체성 증후군(trisomy)의한 형태로 나타난다.

10) 골절모

모간을 가로질러 평행하게 갈라지거나 균열을 일으켜 골절과 같은 모양을 만드는 것으로, 골절모의 원인은 부분적으로 상피세포가 결핍되어 약해진 부분이 갈라지면서 발생하는 것으로 알려져 있다.

11) 매듭모

모간에 매듭이 형성되는 질환으로 두 가지 형태로 나타난다. 첫 번째는 쉽게 부러지는 비정상적인 성장을 보이는 머리카락과 체모에서 발생되는 아주 드문 경우이고, 두 번째는 정상적인 두발과 체모에서 발생되는 것으로 주로 빗질이나 마찰 등의 기계적인 힘이 원인으로 생각되는 형태이다.

모발에서 매듭이 발생하는 원인은 빗질이나 모발이 비벼지는 등 기계적 및 물리적인 힘에 의해 발생되며, 계속된 빗질에 의해 매듭이 더욱 견고해지고 당겨져 모발이 부러지게 된다.

주로 짧은 고수머리의 흑인에게서 흔히 발생하며, 우리나라와 같은 짧고 곧은 머리에서의 발생은 드문 것으로 알려져 있으나 드물게 국내에서도 보고되고 있다.

12) 균열모(trichoptilosis)

모근의 원위부터 끝이 세로로 모간을 따라서 길이로 갈라지는 것을 말한다. 주로 과도한 모발의 손질, 과도한 스타일링, 가려움증에 의한 반복되는 자극 등과 같은 모발에 가해지는 외부적인 손상에 의해 발생한다.

4 두피와 탈모

모발은 성장기를 거쳐 휴지기에 이르러 자연적으로 빠지게 된다. 일반적으로 정상인의 경우 하루에 50~80개의 모발이 빠지지만 그 이상의 모발이 빠지는 것을 탈모라 한다.

모발은 하절기에 빨리 자라며 동절기에는 늦게 자란다. 또한 봄과 여름보다 가을과 겨울에 탈모현상이 많이 발생한다.

1) 탈모의 원인

건강한 모발은 모발을 자라게 하는 모유두가 건강해야 한다. 모유두가 건강하기 위해서는 모세혈관으로부터 충분하게 영양공급을 받고, 자율신경계의 정상적인 작용으로 정상적인 모발 성장주기를 형성하게 된다.

모발의 성장에 영향을 주는 탈모 원인은 남성호르몬의 과다분비에 의한 모포기능의 저하, 혈액순환의 장애나 모발에 영양공급 방해, 정신적 스트레스로 인한 자율신경계의 혼란, 체질의 유전적 요인, 대기오염과 공해, 불충분한 영양공급, 병원균에 의한 탈모, 고열을 동반한 병후의 탈모, 항암제와 같은 약물에 의한 탈모, 외상탈모증 등이 있다.

2) 탈모의 종류

탈모의 종류는 휴지기가 지나 자연적으로 빠지는 휴지기성 탈모와 병적으로 발생하는 이상탈모로 분류된다. 탈락된 모발의 형태를 보면 정상적으로 탈락된 모발은 모근의 모양이 곤봉 형태이지만 건강한 모발이라도 무리하게 잡아당기면 모근 모양이 길고 커지게 되며, 이상탈모의 모구는 곤봉 모양이 아니라 위축되거나 변형되어 있다.

(1) 휴지기성 탈모

① 남성형 탈모

- 남성형 탈모는 통상적으로 전두부에서 두정부로 탈모되는 M자형이나 정수리에서 시작하는 O형 또는 M형과 O형이 복합적인 형태가 있다.
- 남성형 탈모가 시작되는 시기는 17세에 시작하여 30대 후반에 급격히 일어난다.
- 남성형 탈모는 남성호르몬의 영향에 의해 주로 발생한다. 즉, 두피에서 남성호르몬이 5-알파 환원효소에 의해 DHT(Di-hydro Testosterone)로 변환함으로써 탈모가 발생한다.
- DHT는 모낭을 위축시켜 활동을 정지시키는 역할을 하여 모모세포를 죽이거나 피지선의 피지 과다 분비로 모낭을 막는다.

남성호르몬 + 5-알파 환원효소 → DHT(Di-hydro Testosterone)

* DHT는 단백질 합성을 지연하고 모유두와 모낭을 축소시키므로 가는 모발이 되어 탈모를 촉진한다.

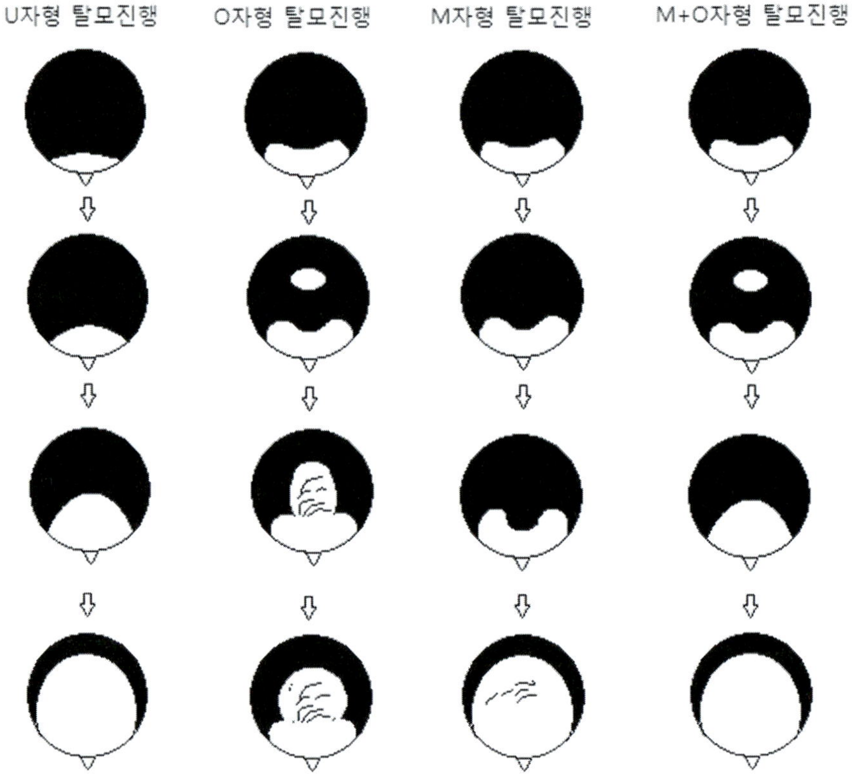

그림 8-1 남성형 탈모형태

② 여성형 탈모

- 여성형 탈모는 40대 이후 여성호르몬의 분비가 서서히 쇠퇴하여 남성호르몬과의 균형 붕괴로 일어난다.
- 탈모 형태는 남성과 달리 정수리 부근에서 탈모가 일어나기 시작하며 굵은 모발이 가늘어지면서 두피가 드러나게 된다.
- 여성이 임신 중에는 여성호르몬이 많아 모발이 빠지지 않다가 출산과 동시에 여성호르몬이 정상상태가 되면 그동안 빠지지 않았던 모발이 한꺼번에 빠지기도 한다.

탈모진행 1단계 탈모진행 2단계 탈모진행 3단계

그림 8-2 여성형 탈모과정

- 출산 후 탈모는 2개월부터 시작하여 6개월 정도까지 계속되며, 1년 정도 지나면 원래로 회복이 가능하지만 이 기간 중에 탈모관리에 무관심할 경우 탈모 상태를 유지하기도 한다.

③ 지루성 탈모

- 두피의 피지선에서 과량으로 나온 피지는 미생물의 번식과 화학적 변화로 두피에 염증을 일으킬 우려가 있다.
- 두피의 모공에 세균이 감염되어 모낭염으로 진행되면 발진과 함께 휴지기모의 탈모가 많아지게 되어 지루성 탈모가 된다.

④ 내분비 질환에 의한 탈모

- 갑상샘저하증 : 갑상샘의 기능이 저하되면 머리 전체에 걸쳐 탈모가 일어난다.
- 갑상샘항진증 : 갑상샘호르몬이 많으면 성장기 모발의 발육이 어려워진다. 두피 전체에서 발생되며 빠지는 모발은 가늘고 부드러운 모발로 변한다.

⑤ 다이어트에 의한 탈모

다이어트로 인한 단백질 섭취 부족으로 모발의 굵기가 가늘어지고 두피의 건조화로 탈모를 유발한다.

⑥ 스트레스에 의한 탈모

모발의 성장주기에 관련된 신경계는 자율신경계로 자율신경의 부조화는 혈액순환에 영향을 주어 두부의 혈액순환 장애와 연결된다.

스트레스는 바로 이러한 자율신경계에 이상을 주는 것으로 결국은 두부에 혈액의 공급을 원활하게 하지 못해 모발에 영양을 주지 못하므로 탈모를 일으키게 된다.

(2) 성장기성 탈모

① 원형탈모

부분적으로 모발이 원형으로 탈락하여 그 부분에 모발이 없어지는 경우로 두피의 한 부분 또는 여러 부분에서 원형으로 탈모되는 현상이다. 원형 탈모는 특별한 자각이 없다가 갑자기 모발이 듬성듬성 빠지다가 일전부위에서 원형으로 탈모반이 생기며, 크기는 손톱 크기부터 손바닥 크기까지 다양한 형태로 나타난다.

보통은 6개월을 전후해서 모발이 다시 자라는 것이 일반적이지만 2년 정도로 길게 빠져 있는 경우도 있다.

원형탈모의 원인으로는 병이 중한 경우나 정신적 스트레스, 유전적 인자, 국소 감염 등으로 추정되나 아직 분명하지는 않다.

② 압박성 탈모

모발을 장시간 동안 당긴 상태로 압박을 받게 되면 모낭에 혈류장애가 발생되어 모유두 부위가 위축되어 빠지게 된다.

③ 약제성 탈모

항암제와 같은 약물을 주사하거나 내복할 경우 모모세포의 세포분열이 억제되어 탈모를 유발한다.

④ 두부백선에 의한 탈모

두부에 있는 백선균에 의해 모낭을 감염시켜 모발의 성장을 저해하여 모발이 빠지게 된다.

⑤ 매독성 탈모

매독 감염 후 5개월경부터 발생되며 치료에 의해 치유가 가능하다.

5 두피 유형별 특징

1) 정상 두피

(1) 특징

- 두피 전체가 각질이 없고 청백색을 띠고 있다.
- 2~3개의 모발이 모여서 자리 잡고 있다.
- 모발의 굵기가 일정하고 윤기가 있다.

(2) 관리방법

- 현재의 건강한 두피상태를 유지하기 위해 영양공급을 충분히 한다.
- 각질 제거와 모발의 건조화를 방지한다.

2) 건성 두피

(1) 특징

- 두피에 피지량이 부족하여 건조한 상태를 보인다.
- 표면에 각질에 있고 각화된 표피가 모공을 막고 있다.
- 모발이 가는 것들이 많이 보이고 두피는 가렵고 따가움을 느낀다.
- 잦은 펌과 염색이나 탈지력이 강한 샴푸 사용, 일상생활의 스트레스로 인한 피지분비가 불충분으로 발생할 수 있다.
- 피지가 부족하면 두피의 보호기능이 떨어져 세균 등의 감염으로 두피가 손상되기 쉬워진다.

(2) 관리방법

- 모공을 세척하여 막힌 모공을 정상화하고, 각질을 제거한다.
- 두피에 영양을 공급하여 건조화를 방지한다.
- 두피 마사지를 하여 피지분비를 촉진한다.
- 세정력이 강한 샴푸제품은 피하고 드라이는 찬바람으로 한다.

3) 지성 두피

(1) 특징

- 모공에 피지가 과도하게 분비되어 투명감이 없고 둔탁해 보인다.
- 피지의 과도한 분비는 모공을 막아 모발을 힘없이 가라앉게 한다.
- 두피에 비듬이 관찰되며 피지와 혼합되면 산화되어 악취가 난다.
- 지성 두피를 방치하면 과도한 피지분비로 염증을 유발한다.

(2) 관리방법

- 두피를 충분히 세정하여 응고물을 제거하고 피지조절에 맞춘다.
- 두피 마사지를 통해 두피의 신진대사를 원활하게 한다.
- 자극적인 음식이나 인스턴트 음식을 피하고 스트레스를 관리한다.

4) 예민성 두피

(1) 특징

- 두피 표면이 예민해져서 홍반 및 가느다란 실핏줄이 보인다.
- 건성 두피를 관리하지 못할 경우 발생하기 쉽다.
- 선천적으로 두피가 민감한 경우 또는 장기간 스트레스에 기인한다.
- 잦은 펌이나 염색과 탈색이나 자극적인 제품 사용도 원인이다.

(2) 관리방법

- 두피 자극을 최소화하고 두피 기능을 정상화한다.
- 두피의 청결과 세균번식에 의한 염증 발생을 예방한다.
- 자극적인 음식 및 인스턴트 음식을 피하고 운동으로 신진대사를 원활하게 한다.

5) 지루성 두피

(1) 특징

- 피지의 분비가 많아 염증과 지성 비듬이 많다.
- 모낭 주위에 홍반과 염증으로 곪은 형태도 있으며 두피가 가렵다.
- 과도한 스트레스와 잦은 화학적 시술이 원인이다.
- 전형적인 지루성 피부염의 경우 재발 우려가 있다.

(2) 관리방법

- 두피에 염증이 심한 경우 피부과 치료를 하고 관리한다.
- 두피의 자극을 최소화하고 두피의 기능 정상화를 우선으로 한다.
- 화학적 시술을 자제하고 식생활에 신경을 쓴다.

6) 비듬성 두피

(1) 특징

- 비듬은 지성 비듬과 건성 비듬 형태로 존재한다.
- 지성 비듬은 피지의 과도한 분비로 비듬균에 의해 각질이 쌓여 발생한다.
- 건성 비듬은 두피에 수분이 부족하여 표피가 갈라져 발생한다.
- 비듬균의 이상 증식으로 가려움이 발생되어 두피가 예민해진다.
- 비듬성 두피는 스트레스, 유전적 요인, 음식물, 곰팡이, 기후, 땀 등의 영향을 받는다.

(2) 관리방법

- 비듬균을 억제하는 특수관리와 적절한 제품을 사용한다.
- 두피를 청결하게 하고 비듬 전용 샴푸를 사용한다.
- 수분의 공급과 아연이 함유된 음식이나 생선류를 섭취하고 두피 마사지를 병행한다.

6 비듬

비듬은 두피에 표피의 각질층이 각질화한 것으로 죽은 세포가 두피로부터 떨어져 나오지 못하고 쌓여 있는 형태를 말한다.

일반적으로 정상적인 세포 재생주기는 대략 28일인데, 피부노화 또는 스트레스, 화학적 반응 등으로 인하여 이러한 정상적 세포 재생주기가 길어지면서 제때에 떨어져 나가야 할 죽은 세포들이 차츰 누적되면서 각질층에 비듬이 형성되게 된다.

비듬의 종류는 지성 비듬, 건성 비듬으로 나뉘는데 그 원인은 다양하다.

비듬이 탈모를 일으킨다는 시각은 비듬, 즉 각질이 두피의 호흡을 막아 모발 성장에 악영향을 미치기 때문이다. 비듬이 심하면 가려움증을 느끼며, 심한 경우 따갑고 피부가 갈라지기도 하며, 귀 뒷부분이나 이마가 빨갛게 되는 증상을 나타내기도 한다. 대부분 비듬 자체가 탈모를 유발시키지는 않지만 비듬이 생길 때 두피를 청결히 해 주지 않으면 두피에 비듬층이 형성되고, 이 비듬층에 피지와 노폐물, 땀 등이 결합하여 모낭 입구를 막게 된다.

이러한 노폐물 등에 의해서 모근이 정화되면, 두피가 제대로 호흡을 할 수가 없어 모발이 가늘어지고 두피의 기능에 문제가 생겨 건강한 모발을 성장시킬 수 없게 된다.

1) 비듬의 원인

① 두피의 건조
② 각질세포의 이상 증식
③ 과다한 피지분비와 세균 증식
④ 효모균의 이상 증식
⑤ 남성호르몬의 과다 분비
⑥ 스트레스에 의한 호르몬의 불균형과 자율신경 실조
⑦ 탄수화물 및 인스턴트 식품의 과다 섭취
⑧ 비타민 및 무기질 부족

2) 비듬의 종류와 증상

(1) 다한성 비듬

땀이 많이 나면 pH(산성) 균형이 깨져 알칼리화되고, 발한의 고유 기능인 자가 살균, 수분, 해독작용이 제대로 되지 않아 땀의 산화작용에 영향을 미치기 때문에 결국 비듬 조각을 형성하는 원인이 될 수 있다. 특히, 비듬의 경우 땀이 많이 나는 다한증은 비듬을 유발할 수 있는 각질세포를 만들어내기 때문에 결과적으로 약해지고 민감해질 수 있다.

(2) 건성 비듬

땀, 피지가 부족하여 두피가 건조해지면서 각질세포가 하얗게 떨어지는 현상으로, 피지가 부족하기 때문에 두피 표면의 각질세포를 상호간에 밀착시키는 힘이 약해지는 것도 하나의 원인이다. 이것을 긁으면 건조한 회백색의 비듬이 떨어진다.

비타민 A 결핍증이나 각화증, 영양실조, 특히 단백질의 결핍, 부신겉질 기능 저하 등의 경우에 생긴다.

(3) 지성 비듬

과도한 피지분비로 인한 두피의 지방화로 각질세포와 기름이 뭉쳐 떨어지는 현상이다. 과잉피지는 피부 표면에 오랫동안 남아 있다가 건조하여 비듬으로 떨어지게 되는데, 일부는 머리 밑에서 좀처럼 떨어지지 않는다.

7 두피 · 모발 관리기기

두피 · 모발 관리기기는 크게 진단을 위한 기기, 세정을 도와 주는 기기와 두피 운동을 촉진시키는 기기 그리고 제품의 흡수를 효과적으로 해 주는 기기로 나눌 수 있다.

기기의 선택과 사용은 두피관리 및 제품의 침투를 도와 주는 역할을 하며, 두피의 혈액순환을 돕고 두피질환 및 탈모 예방과 관리를 위해 필요하다. 하지만 기기를 잘못 사용하면 탈모의 가속화와 두피 질환의 문제점이 생길 수 있으므로 기기 자체의 기능을 잘 파악하여 적절하게 사용하여야 한다.

1) 진단기

배율 렌즈를 사용하여 고객의 두피 상태나 모발 상태를 체크하는 기기로서 두피의 상태는 50~250배, 모발의 상태는 대략 600배로 관찰한다. 사용 시에는 렌즈가 두피나 모발 등의 관찰면과 수직이 되도록 하여야 초점이 정확하다. 두피의 문제점, 탈모의 진행 여부 및 정도, 모발의 굵기, 피지 및 각질의 양 및 상태 등을 검진할 수 있다.

2) 모발현미경

고배율의 렌즈를 사용하여 모발의 표면 상태나 손상된 정도 그리고 모구

상태를 체크하는 기기이다.

3) 적외선기

적외선은 신체에 도달하면 신체 내의 분자들의 활발한 진동운동에 의해 열을 발생시킨다. 발생된 열은 온열효과와 함께 두피 깊숙이 침투된 적외선이 세포를 발열하여 노폐물의 배출과 혈관을 확장하여 혈액순환을 도와 두피의 대사작용을 활발히 하며, 제품을 사용할 때 피부에 흡수를 도와 모발을 건강하게 한다.

4) 소프트 바이오빔(soft biobeam)

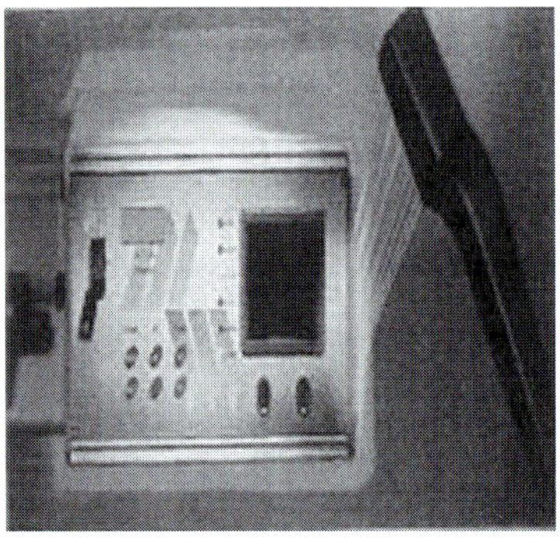

750~800㎚ 파장을 가진 다이오드 레이저로 세포와 조직을 자극하여, 세포재생과 성장 촉진과 제품의 침투 및 모세포의 활성화와 재생을 돕는다. 또한 두피의 독소배출을 유도해 주며, ATP 생산을 증가시켜 콜라겐 섬유의 증대, 미세혈관의 순환 촉진, 손상된 세포의 재생으로 모발의 성장에 도움을 준다.

5) 광선기

카본의 작용에 의한 광선의 효과로 피지분비를 조절하고 근적외선, 가시광선을 두피에 조사함으로써 세포 재생에 관여하여 두피를 건강하게 한다.

6) 아쿠아 펀치

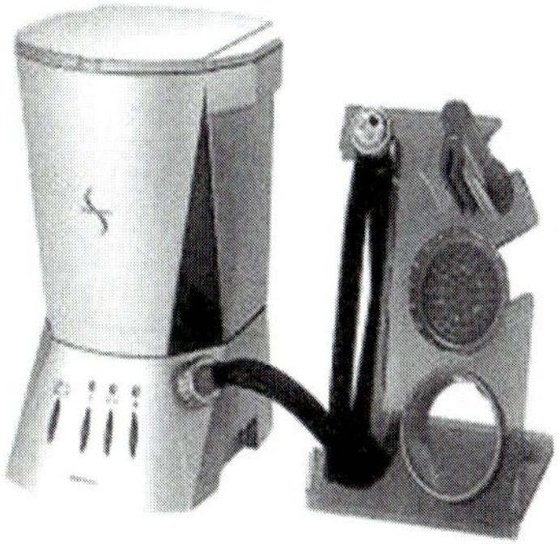

1분당 1,800회의 맥동수류 발생장치로 두피에서 모공을 막고 있는 각질과 오래된 노폐물을 깨끗하게 제거하는 기기로서 두피를 스케일링하고, 모공을 열어 모근의 호흡작용을 촉진하고 영양성분을 도포 시에 흡수가 잘 되도록 한다. 수압을 조절할 수 있고, 모발의 길이에 따라 노즐을 선택하여 사용할 수 있다.

7) 진동 마사지

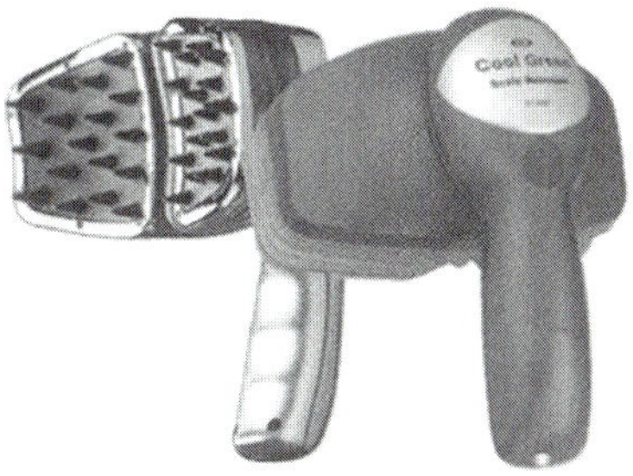

피부를 자극하여 혈액순환을 촉진하고 뼈가 있는 곳을 피하여 목과 어깨 등의 근육을 마사지하여 기분을 전환시키며 긴장된 근육을 풀어 준다. 사용이 간편하며, 고객의 사용시간은 강도의 강약, 탭의 증감을 통하여 상태에 따라 5분 또는 15분 정도를 배정한다.

8) 헤어스티머(hair steamer)

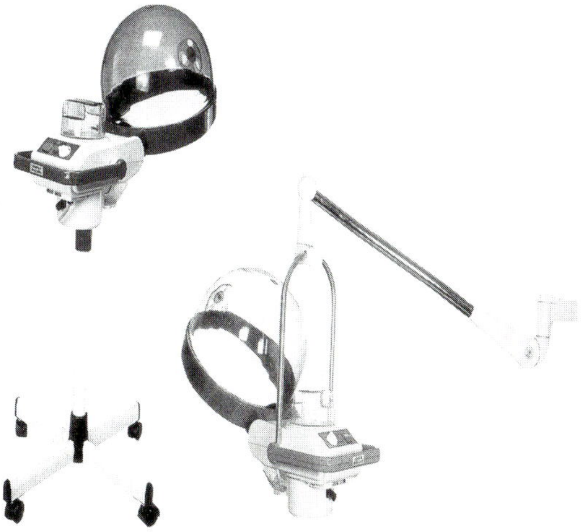

따뜻한 스팀 공급을 통해 모발과 두피에 수분을 공급하고 두피의 오래된 각질 및 이물질을 쉽게 제거할 수 있도록 부드럽게 연화시키는 기기로서 사용시간은 10~15분 정도로 하며, 예민하거나 열이 있는 경우 사용시간을 단축한다.

9) 온욕모자와 비타민 C 팩

두피 세정을 위한 보조제품으로 두피 온욕을 통해 사용하는 물의 성분 중 수돗물의 잔류 염소를 제거하고 동시에 비타민 C가 녹아 나오는 팩을 이용하여 효과를 증가시킨다.

10) 뷰티콤

교류 전류를 이용하여 두피에 기생하고 있는 모낭충이나 세균 또는 곰팡이균, 바이러스 등을 살균 · 소독 · 진정하는 효과가 있는 기기이다. 브러시 형태의 유리관으로 사용이 용이하다. 강도의 조절 기능을 이용하여 사용한다.

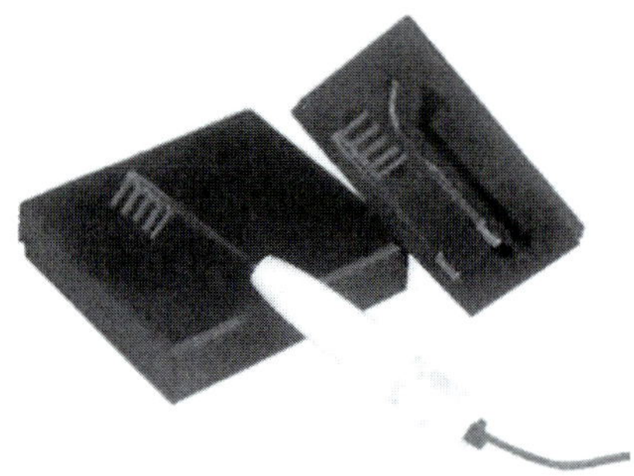

11) 고주파 전류기

초당 100,000 싸이클 이상의 고주파 교류 전류를 이용하여 두피의 각질, 비듬 제거 및 살균 진정 작용으로 제품의 흡수를 도와 준다. 두피나 모발의 물기를 제거한 후 사용하도록 한다.

12) 음이온기

두피 관리기기로 음이온기의 특징은 음이온의 잡아당기는 성질을 이용하여 모공 속 피지, 노폐물, 각질 및 비듬을 제거해 준다. 또한 음이온, 양이온을 동시에 이용하여 두피 운동을 촉진하며, 표피층과 진피층에 교대로 흘러 기저세포의 재생을 촉진하고 가려움증에 염증이나 살균관리도 병행하게 된다.

13) 산소공급기

미세혈관 순환 촉진기능으로 혈관을 확장, 혈관순환 조직에 따라 얼굴의 색상톤을 정리해 주며, 두피에 산소를 공급해 주므로 오래된 각질을 제거하고 두피에 수분흡수력을 증가시키고 모낭세포가 새로운 세포로 재생하여 두피세포를 젊고 활력 있게 유지시켜 건강한 모발로 자라게 한다. 또한 모공 깊숙이 침투하여 혈액순환을 원활하게 하여 모공의 활성화와 오염물질을 제거한다.

14) 초음파기

초음파는 약 20,000 헤르츠(Hz) 이상의 음파이다. 초음파기는 높은 진동수로 인체 내의 물을 진동시켜 물 분자의 수소결합을 절단하여 단분자 상태로 만들어 두피 깊숙이 침투시킴으로써 두피 내부의 노폐물과 충돌하여 노폐물의 분해를 촉진시키고 외부로 쉽게 배출하도록 하며, 두피영양제를 두피 깊숙이 침투시켜 모근을 튼튼하게 하는 역할을 한다.

연습문제

1. 모발에 다발성 결절들이 형성되고 결절 사이는 위축되어 진주목걸이 모양을 형성하는 모발의 이상현상은?

2. 모발이 장축에 따라 나사 모양으로 꼬이며 편평하게 되는 모발의 이상현상은?

3. 두피의 한 부분 또는 여러 부분이 원형으로 탈모되는 현상으로 정신적 스트레스에 의해 주로 발생되는 탈모 현상은?

4. 표면에 각질이 있고 두피는 가렵고 따가우며, 잦은 펌이나 염색에 의해 발생되기 쉬운 두피 형태는?

5. 모공에 피지가 많이 분비되며 충분한 두피 세정과 피지조절에 의한 관리가 필요한 두피 형태는?

6. 두피 표면에 가느다란 실핏줄이 보이며 건성 두피를 관리하지 못할 때 발생되기 쉬우며 두피 자극을 최소화하면서 관리하는 두피 형태는?

7. 다음 중 모발 손상의 화학적 요인이 아닌 것은?

① 펌 ② 염색 ③ 세팅 ④ 스타일링 제품

8. 다음 중 모발 손상의 요인이 다른 것은?

① 유전 ② 스트레스 ③ 일광 ④ 호르몬

9. 모발의 화학적 손상이 아닌 것은?

① 마찰에 의한 손상
② 자외선에 의한 손상
③ 퍼머넌트 웨이브에 의한 손상
④ 탈색과 염색에 의한 손상

10. 다음은 모발이 손상되는 요인들이다. 물리적인 손상 요인에 해당하는 것은?

① 아이론 사용에 의한 손상
② 스트레스에 의한 손상
③ 영양부족에 의한 손상
④ 염색에 의한 손상

11. 비듬발생의 원인에 해당되지 않는 설명은?

① 비누 사용
② 피지선의 강한 활동
③ 잦은 샴푸
④ 적절한 스트레스 해소

12. 두피모발기기 사용에 대한 설명으로 틀린 것은?

① 되도록 사용하지 않는 것이 좋다.
② 제품의 침투를 용이하게 한다.
③ 세정을 도와 두피를 청결하게 한다.
④ 진단기는 두피상태를 좀 더 과학적으로 판단할 수 있게 한다.

13. **두피 · 모발 관리 시 샴푸 후 드라이를 할 때 적절한 방법은 무엇인가?**

① 찬바람으로 말린다.
② 찬바람, 더운 바람 번갈아가며 말린다.
③ 더운 바람으로 빠르게 말린다.
④ 전기 모자를 이용하는 것이 좋다.

14. **여성 탈모의 일반적 사항으로 틀린 것은?**

① 50세 전후 남성호르몬이 증가되어 탈모현상이 나타난다.
② 남성 탈모처럼 심하지는 않으나 모발량이 많이 감소하는 정도이다.
③ 출산 후 2~5개월 정도부터 시작되는 출산 후 탈모
④ 출산 후 1년 정도 지나면 자연적으로 회복기간을 거쳐 정상화된다.

15. **두피 · 모발관리에 있어 비듬이나 묵은 각질을 제거하기 위해 사용되는 기기로 적절한 것은 무엇인가?**

① 진동마사지기 ② 두피세정기 ③ 전동의자 ④ 나무브러시

16. **두피 · 모발관리 시 영양제 침투를 돕기 위해 사용하는 기기는 무엇인가?**

① 적외선기 ② 자외선기 ③ 고주파 ④ 이온영동

17. **두피 · 모발관리 시 스켈링 단계에서 수증기를 이용하여 각질을 부드럽게 하는 데 사용되는 기기는 무엇인가?**

① 뷰티콤 ② 적외선기 ③ 헤어스티머 ④ 자외선기

18. 백발의 발생 원인으로 볼 수 없는 것은?

① 멜라노사이트의 감소 또는 소실 ② 티로시나아제의 불활성
③ 자연스런 노화 ④ 비타민 A와 철분의 과잉섭취

19. 비듬을 동반하는 비강성 탈모의 증상으로 옳지 않은 것은?

① 가려움 ② 심한 염증 ③ 피지이상 ④ 비타민 A 부족

20. 건조모가 되는 원인으로 적당하지 않은 것은?

① 자외선 ② 잘못된 미용시술
③ 알칼리 ④ 약산성

21. 영양이 부족해서 길이로 모발이 갈라지는 현상은?

① 원형탈모증 ② 열모결발증 ③ 결절열모증 ④ 사모

22. 탈색된 모발에 사용하도록 권장되는 샴푸제의 종류는?

① 알칼리성 샴푸제 ② 프로테인 샴푸제
③ 거품이 잘 나는 샴푸제 ④ 산성 균형(pH 4.5~5.5) 샴푸

23. 효소 5-알파 환원효소는 무엇을 화학 변화시키는가?

① DHT에서 테스토스테론으로
② DHEA에서 DHEAS로
③ 테스토스테론에서 DHT으로
④ androstenedione에서 테스토스테론으로

24. 남성형 탈모의 원인은?

① 에스트로겐의 과다 생성 때문이다.
② 알레르기, 유전, 자율신경 이상 등이 원인이다.
③ 땀의 과다 분비 때문이다.
④ Testosterone이 5-알파 환원효소의 영향으로 DHT로 바뀌면서 탈모가 일어난다.

25. 다공성 테스트는 모발의 어떤 부분을 측정하는 것인가?

① 모발 색소 측정
② 모발의 저항성 정도 측정
③ 모발의 흡습성 정도 측정
④ 모발의 탄력성 측정

26. 백모의 주요 원인으로 적당하지 않은 것은?

① 색소형성세포 수의 감소 또는 손실
② 멜라닌 형성효소의 감소 또는 손실
③ 스트레스 또는 비타민 A, 철분 부족
④ 백모는 노화현상의 측면으로 이해해야 한다.

제 **9** 장

모발화장품

1 샴푸(shampoo)

샴푸는 '머리를 씻어낸다' 라는 의미로 1955년 이전에는 고형비누를 사용하여 모발 및 두피를 세정하였으나 1955년 이후 주성분이 SLS(Sodium Lauryl Sulfate)인 분말 및 액상 샴푸가 탄생하였고, 1965년 SLES(Sodium Lauryl Ether Sulfate)가 개발되어 현재의 기본적인 샴푸가 탄생되었으며, 우리나라에서는 1970년대에 본격적으로 시판되기 시작하였다.

1) 샴푸의 목적

샴푸는 체내에서 분비되는 땀, 피지, 노화 각질세포 및 모발화장품 등의 잔류물, 대기의 각종 오염물질 등을 제거하여 모발 및 두피를 청결하여 비듬과 가려움을 완화시키고, 모발과 두피의 건강한 아름다움을 유지하기 위함이다.

2) 샴푸제의 구비조건

샴푸는 기본적인 기능인 모발 및 두피의 세정 이외에 소비자의 감성을 만족시키기 위하여 여러 가지 조건을 요구하고 있다.

① 모발과 두피의 세정 시 적절한 세정력을 가질 것
② 샴푸하는 동안 거품이 풍부하고 지속성이 있을 것
③ 샴푸 중 마찰에 의한 모발의 손상이 없을 것
④ 샴푸 후 잘 헹구어질 것
⑤ 모발에 광택 및 유연성을 줄 것
⑥ 샴푸 후 빗질이 쉬울 것
⑦ 인체에 자극이 적을 것
⑧ 비듬과 가려움의 제거 효능이 있을 것
⑨ 적절한 점성이 있을 것
⑩ 향과 색상이 좋을 것
⑪ 제품의 변질이 없을 것

3) 샴푸제의 종류

샴푸제는 제품의 형상, 사용목적, 기능에 따라 그 종류가 다양하며 다음과 같이 분류할 수 있다.

[표 9-1] 샴푸제의 분류

구분	샴푸제의 종류
형상별 분류	• 유액상(liquid type) : 대부분의 샴푸 형태 • 크림상(cream type) • 분말상(power type)
사용목적별 분류	• 일반형 : 모발세정용 • 유분 부여 : 오일 샴푸, 크림 샴푸 • 모발 및 두피상태 개선 : 비듬 샴푸, 토닉 샴푸 • 저자극성 : 마일드 샴푸, 베이비 샴푸 • 물리적 성능 개선 : 컨디셔닝 샴푸 • 향기 부여 : 코롱 샴푸
모발상태별 분류	• 중지성용 샴푸 : 지성 두피, 지성 모발에 사용 • 건중성용 샴푸 : 건성 두피, 건성 모발에 사용 • 손상용 샴푸 : 손상 모발(펌, 염색)에 사용

4) 샴푸제의 성분

(1) 계면활성제(surfactant)

계면활성제는 분자 내에 물과 친화성이 있는 성분과 유분과 친화성이 있는 성분이 혼합된 구조를 가진 물질로 습윤, 침투, 유화, 분산, 기포제거 등의 기능을 가지고 있다.

샴푸제에는 주로 세정력이 우수한 음이온성 계면활성제를 사용하며 주요 성분은 SLS(Sodium Lauryl Sulfate), SLES(Sodium Lauryl Ether Sulfate)를 사용하나, 저 자극성을 요구하는 경우에는 양쪽성 계면활성제를 사용한다.

(2) 기포안정제(forming agent)

거품이 쉽게 깨지지 않게 하기 위한 목적으로 첨가되며 탄소수 12~14개의 비이온성 계면활성제가 사용된다.

(3) 증점제(thickener)

샴푸제를 사용하기에 편리하도록 적당한 점도를 유지하기 위해 무기 전해질, 수용성 고분자를 사용한다.

(4) 보습제(hydrotrope agent)

모발에 흡착되어 모발의 수분 증발을 방지하여 보습효과를 주기 위한 목적으로 프로필렌글리콜, 글리세린, 부타디엔글리콜 등을 사용한다.

(5) 컨디셔닝제(conditioning agent)

샴푸 후 모발의 광택, 질감 및 모발의 표면을 보호하는 목적으로 사용하며 양이온성 고분자를 첨가한다.

(6) 기타 첨가물

샴푸제의 기타 첨가제로는 방부제, pH 조정제, 금속이온봉쇄제, 향료, 색소 등이 있다.

비누와 샴푸의 차이점

- 샴푸는 경수에서도 세정력이 강하고, 물때가 발생하지 않는다.
- 샴푸는 비누에 비해 기포생성 능력이 좋아 모발을 보호한다.
- 비누는 알칼리성으로 모발을 팽윤시켜 간충물질의 손상과 모발을 거칠게 한다.
- 샴푸는 약산성~중성으로 모발을 손상시키지 않는다.

2 헤어린스(hair rinse)

헤어린스는 '모발을 헹군다' 라는 의미로, 과거 샴푸제가 없었던 시절에는 비누를 사용하여 모발을 세정하였는데, 모발 세정 후 모발에 잔류한 알칼리

성분은 모발의 광택을 소실시키므로 모발에 광택과 유연함을 유지시키기 위해 식초, 레몬즙 등과 같은 산성액으로 헹구어야 했다.

최근에는 샴푸 후 모발에 광택과 유연성을 부여하고 빗질 시 정전기를 방지하기 위하여 양이온성 계면활성제가 주성분인 린스제를 사용하고 있다.

1) 헤어린스의 기능

① 모발의 표면에 유분을 공급하여 모발을 보호한다.
② 퍼머넌트 웨이브, 모발염색, 탈색 등으로 손상되어 거칠어진 모발에 윤기를 준다.
③ 모발을 유연하게 하고 광택이 나게 하며 빗질이 잘 되게 한다.
④ 모발의 pH를 조절한다.
⑤ 모발의 건조를 막아 정전기를 방지한다.

2) 헤어린스의 종류

헤어린스는 형상, 사용목적, 기능에 따라 그 종류가 다양하며 다음과 같이 분류할 수 있다.

[표 9-2] 헤어린스의 분류

구분	헤어린스의 종류
형상별 분류	• 크림상(cream type) : 가장 오래된 린스 타입 • 유액상(liquid type) : 경수에 의한 scum 제거 목적 • 오일상(oil type) : 유분을 공급함을 위함
사용목적별 분류	• 산성 린스 : 알칼리의 중화로 모발 손상 방지 • 컨디셔닝 린스 : 대전방지, 유수분 공급 • 비듬방지 린스 : 두피의 비듬 발생 • 바디빌더 린스 : 모발의 숱이 풍성해 보이게 함
모발상태별 분류	• 중지성용 린스 : 지성 두피, 지성 모발에 사용 • 건중성용 린스 : 건성 두피, 건성 모발에 사용 • 손상용 린스 : 손상 모발(펌, 염색)에 사용

3) 헤어린스의 성분

(1) 계면활성제

린스에 사용되는 계면활성제는 양이온성 계면활성제로 모발의 표면에 발생하는 정전기를 방지하고 유연성을 부여하여 빗질을 수월하도록 한다.

주요 성분으로는 염화스테아릴디메칠암모늄, 폴리아크릴산 유도체의 4급 암모늄염 등이 있다.

(2) 유성성분

샴푸에 의해 손실된 모발의 피지성분을 보충하여 모발에 피지막을 형성함으로써 모발에 윤기와 광택을 부여하고 모발을 보호하는 역할을 한다.

주요 성분으로는 고급 알코올, 라놀린, 유동 파라핀, 에스테르류, 실리콘유 등을 사용한다.

(3) 보습제

모발에 보습효과를 부여하여 모발을 보호하는 작용이 있으며 제조 시 글리세린, 프로필렌글리콜, 솔비톨, 하이루론산 등을 첨가한다.

(4) 컨디셔닝제

모발의 광택, 질감 및 모발의 표면을 보호하는 목적으로 사용하며 양이온 고분자, 아미노산, 콜라겐 등을 사용한다.

(5) 기타 첨가물

린스의 기타 첨가제로는 방부제(안식향산), pH 조정제(비휘발성 유기산), 금속이온봉쇄제(EDTA 염), 향료, 색소 등이 있다.

3 헤어 트리트먼트제

모발은 잦은 퍼머나 염색 및 탈색, 드라이, 열, 자외선 등에 의해 손상되기 쉽다. 특히 펌이나 염색 및 탈색 시 사용되는 알칼리와 산화, 환원제는 모표피의 손상과 모피질 내의 간충물질을 유출시켜 모발을 매우 건조하게 한다.

헤어 트리트먼트제는 이와 같이 손상된 모발에 유분과 수분을 공급하여 모발에 윤기와 광택을 부여하는 동시에 모피질의 손상된 간충물질에 모발 보호물질을 침투시켜 모발의 기능을 회복시키는 목적으로 사용한다. 헤어트리트먼트 제품 중 헹구어 내는 제품은 도포한 다음 헤어 스티머기를 10~15분 정도 사용할 수 있으며 헹구어 내지 않는 제품은 두피 앰플을 사용 후 마무리 제품으로 이용한다. 헹구어 내는 제품의 경우 두피에 묻지 않도록 주의하며 물로 헹구어 낸다.

[표 9-3] 모발손상에 의한 변화

구분	모발의 변화
외관적 변화	모표피의 약화, 모발의 변색, 모발의 갈라짐, 모발의 끊어짐, 윤기가 없음, 기타 외관상의 변화
물리적 변화	강도 및 탄성 저하, 함수율 증가, 색소 흡착량 증가
화학적 변화	시스틴 함량 저하, 이상 아미노산 발생, 케라틴의 분해

1) 헤어트리트먼트제의 조건

① 모발을 유연하게 하며 빗질을 잘 되게 하여야 한다.
② 모발 내부의 손상된 케라틴을 복구하고 회복하는 기능이 있어야 한다.
③ 정전기 발생을 방지하고 회복하는 기능이 있어야 한다.
④ 모발에 일정한 수분을 유지시켜 주어야 한다.
⑤ 모발의 물리적인 특성을 강화시켜 줄 수 있어야 한다.

2) 헤어트리트먼트제의 형태

(1) 크림 타입

일반적으로 많이 사용되는 타입으로 O/W형과 W/O형의 유화형태이다. 모발 내부는 지질이나 모발 보습성분 등의 모발 보호성분을 보충해 주는 작용을 한다. 모발 외부에는 모발의 면을 부드럽고 매끄럽게 하여 모발의 엉킴과 대전방지제 역할을 한다. 이러한 것에는 계면활성제나 양이온성 고분자화합물 등이 있다.

(2) 스프레이 타입

분무 타입으로 미세한 입자가 샤인 효과와 유분의 공급을 돕는다. 바르거나 뿌리는 형태로 사용하고 마른 모발에 사용하는 것과 형태를 고정시키는 강력 스프레이, 약간의 탄력을 주는 부드러운 스프레이 모발의 광택, 마찰력 감소를 통한 엉킴을 방지하며 빗질을 쉽게 할 수 있도록 도와 주는 광택제 스프레이 등이 있다. 이 제품들은 모발에 지속력을 더해 준다.

3) 주요성분

(1) 계면활성제

계면활성제는 양이온성 계면활성제로 모발의 표면에 발생하는 정전기를 방지하고 유연성을 부여하여 빗질을 수월하도록 한다.

주요 성분으로는 헤어린스에서 사용하는 염화스테아릴디메칠암모늄, 폴리아크릴산 유도체의 4급암모늄염 등이 있다.

(2) 컨디셔닝제

모발 표면에 윤기와 광택을 부여하기 위하여 고급 알코올 등의 유분과 양이온성 고분자, 고분자 실리콘 등을 사용한다.

(3) 보습제

모발에 보습효과를 부여하여 촉촉한 느낌을 주기 위하여 글리세롤, 프로필렌글리콜 등을 사용한다.

(4) 기타 첨가물

손상된 모발에 회복기능을 주기 위한 물질로 가수분해 단백질, 아미노산, 비타민, 자외선차단제 등이 있다.

4) 헤어트리트먼트 제품

(1) 헤어트리트먼트 크림(hair treatment cream)

펌이나 염색, 모발의 물리적 자극으로 손상된 모발의 모표피 사이에 영양물질을 공급하여 모발을 정상적인 상태로 회복시키고자 한다.

(2) 헤어마스크(hair mask)

모발 표면에 고분자 실리콘 등의 컨디셔닝 성분을 발라 모발에 광택과 윤기를 부여하여 손상된 모발의 빗질을 쉽게 하기 위하여 사용한다.

(3) 헤어리퀴드(hair liquid)

건조해진 모발에 보습을 유지하여 건강한 모발로 유지하기 위한 제품이다.

4 두피 트리트먼트제

1회용 앰플이나 젤, 액상로션, 스프레이식 제품 등의 형태가 있으며 제품이나 고객의 두피 상태에 따라 사용 횟수와 적용 방법에 차이가 있으나 1회성이 아닌 꾸준한 사용으로 효과를 볼 수 있다.

1) 스케일링 제품

스케일링 제품은 두피에 있는 각질 및 노폐물을 모공에서 제거하여 청결하게 하고 모공을 이완시켜 세정을 위한 준비 단계에 사용한다. 스케일링을 한 고객일 경우 간단한 모발 세정 후 사용한다. 제품을 바른 후 두피 마사지나 음이온기, 두피 마사지기, 헤어스티머를 사용할 수 있으며 고객의 상태에 따라 15~20분 정도의 시간이 소요된다.

2) 문제성 두피 트리트먼트 제품

피지 조절을 위한 지성 두피 트리트먼트, 두피건조 방지를 위한 건성 두피 트리트먼트, 그리고 비듬성 두피를 위한 트리트먼트가 있다. 두피에 도포 후 세정하는 타입의 경우 스케일링 다음 단계에 적용 후 세정하고 후처리 에센스의 경우 마지막에 사용한다. 마무리 제품의 경우 고객이 수시로 사용할 수 있도록 홈케어 제품으로 권유하도록 한다.

3) 헤어토닉

헤어토닉은 두피의 혈액순환을 좋게 하고, 살균력이 있어 두피나 모발의 유해균을 살균함으로 두피와 모발을 건강하게 한다.

헤어토닉에 함유된 성분은 두피에 있는 비듬을 제거하고 가려움증을 완화시키는 역할을 하며 모세혈관을 확장시켜 모근을 튼튼하게 한다.

헤어토닉 제품은 고농축 앰플 형태가 많으며 젤이나 스프레이 타입도 있다. 세정단계 후, 타올 드라이를 하고 두피에 골고루 도포한다. 흡수 정도가 효과에 관건이므로 기기를 함께 사용하여 흡수를 최대화한다.

〈양모제〉

양모제는 두피의 청결과 청량감을 주며 혈액순환을 좋게 하여 모발에 영양분을 공급하는 제품이다.

〈육모제〉

두피의 혈액순환을 촉진시켜 탈모를 예방하고 모발의 성장촉진을 강화시킨 제품으로, 혈액순환을 촉진시키는 센부리 추출물, 세파라틴, 니코틴산과 모근에 영양을 주는 비타민 E, 시스테인, 시스틴, 아미노산 농축액, 모근세포 생성에 도움을 주는 글리세린, 하이루론산, 세라미드 등의 성분을 가진 제품들이 시판되고 있다.

〈발모제〉

발모제는 원형탈모증이나 남성형 탈모증의 치료를 위해 사용되는 제품이며, 대표적인 발모제는 미녹시딜로 모세혈관의 확장에 의한 혈액순환 촉진작용으로 발모효과를 나타낸다고 알려져 있다.

(1) 헤어토닉의 효능 및 효과

① 육모 및 발모 촉진

모유두의 모세혈관은 모모세포의 성장 및 분열에 필요한 영양을 공급한다. 즉, 양모제를 이용하면 모세혈관이 확장되어 두피에 영양공급을 하여 육모 및 발모 촉진을 한다.

② 두피의 청결 및 탈모예방

두피의 피지, 비듬을 제거하여 가려움이나 지루성 탈모증세를 예방한다.

③ 건강한 모발상태 유지

헤어토닉은 모모세포의 활발한 세포분열을 위해 영양을 공급하여 건강한 모발로 만들어 준다.

(2) 양모제의 성분

① 각질용해제 : 살리실산, 레조르신, 젖산
② 혈행촉진제 : 비타민 E 유도체, 당귀 추출물, 인삼 추출물 등
③ 국소자극제 : 페퍼민트 오일, 캄포, L-멘톨 등
④ 난포호르몬 : 에스트로겐, 에스트라디올
⑤ 항지루제 : 유황피리독신 및 유도체
⑥ 살균제 : 이소프로필, 메칠페놀, 클로로헥시딘
⑦ 소염제 : 캄포, L-멘톨, 감초 추출물
⑧ 영양제 : 비타민류, 아미노산류
⑨ 보습제 : 글리세린, 프로필렌글리콜, 히아루론산 나트륨

5 헤어스타일링제

헤어스타일링제는 모발에 유분과 광택을 부여하고, 헤어스타일을 자신이 원하는 형태로 꾸며 새로운 헤어 패션, 헤어스타일을 창조하는 역할과 힘이 없는 모발에 피막을 형성시켜 그 상태로 고정시키려는 목적으로 사용하는 제품이다. 초기에는 천연 수지 또는 아크릴계 고분자 화합물을 사용하였으나, 최근에는 각종 수용성 고분자 물질과 단백질의 가수분해 물질 등을 사용하여 세트성과 모발의 보호기능을 하는 제품들이 출시되고 있다.

1) 헤어스타일링제의 형태별 분류

① 유성타입 : 헤어오일, 포마드
② 유화타입 : 헤어로션, 헤어크림
③ 고분자 피막타입 : 헤어무스, 헤어스프레이, 헤어젤, 셋트로션

④ 액체타입 : 헤어리퀴드

2) 주요 성분

① 유분 및 광택 부여 : 라놀닌, 밍크오일, 스테아린산, 피마자유, 스쿠알렌
② 습윤효과 : 다가 알코올류(글리세린, 프로필렌글리콜 등)
③ 침투 및 흡착효과 : 계면활성제
④ 경모의 연화 : 양이온성 계면활성제, 가수분해 단백질, 알긴산나트륨 등
⑤ 소독 및 살균 : 살리신산, 레조르신, 양이온성 계면활성제

3) 종류

(1) 헤어오일(hair oil)

식물성 유지(동백오일, 올리브오일, 아몬드오일 등)와 광물성 유지(유동 파라핀, 미네랄 오일 등)에 고급 지방산 알코올과 지방산 에스테르 등을 혼합한 것이다. 이 제품은 모발에 유분을 공급하여 광택과 유연성을 유지하게 한다. 예전부터 머리를 단정하게 하기 위하여 널리 사용되었으나 사용감의 문제로 선호도가 떨어지고 있다.

(2) 포마드(pomade)

우지, 돈지, 파라핀, 왁스 등에 향을 첨가하여 만든 젤상 또는 반고형의 제품으로 모발을 단정하게 고정시키고 광택을 부여하기 위하여 예로부터 남성들이 주로 사용하여 왔다.

(3) 헤어크림(hair cream)

헤어크림은 물과 유분을 유화시킨 제품으로 유화형태에 따라 O/W형, W/O형이 있으며 유지, 왁스, 고급 지방산 등이 주요 성분으로 모발의 보호 및 유수분의 공급과 광택효과가 있으며, 산뜻한 사용감이 있다.

(4) 세트로션(set lotion)

액상 또는 젤 상태의 정발제로 점성 검이나 수지류를 에탄올 용액에 용해하여 모발 표면에 얇은 피막을 형성시켜 사용하며, 셋팅성이 우수하여 미용실에서 핀컬이나 핑거웨이브 형태를 그대로 유지시키는 데 사용된다.

(5) 헤어무스(hair mousse)

프랑스어로 무스(mousse)는 거품이 나는 크림이라는 의미이며 헤어 폼(hair foam)이라고도 한다. 모발의 전체 또는 부분적으로 바른 후 원하는 머리형으로 쉽게 고정할 수 있는 제품으로 세팅성에 중점을 둔 제품과 컨디셔닝에 중점을 둔 제품이 있다.

(6) 헤어스프레이(hair spray)

세팅한 모발에 골고루 분무하여 머리 형태를 오랫동안 고정시키기 위한 제품으로, 분사제(액화 석유가스), 용제, 피막형성제 등이 주요 성분이다.

(7) 헤어젤(hair gel)

헤어무스나 헤어스프레이에 비해서 촉촉하고 자연스러운 효과를 주는 투명정발제이다.

(8) 헤어리퀴드(hair liquid)

헤어크림에 비해 유분기가 적어 끈적거림 없이 모발에 광택을 부여하며 물에 의해 쉽게 세발되는 장점이 있다.

연습문제

1. 샴푸의 목적은?

2. 샴푸제에 사용되는 계면활성제의 주요 성분은?

3. 저 자극성 샴푸제는 어떤 타입의 계면활성제를 사용하여야 하는가?

4. 린스의 목적은?

5. 린스에 사용되는 계면활성제의 타입은?

6. 손상된 모발에 유분과 수분을 공급하여 모발에 윤기와 광택을 부여하며 모피질의 손상된 간충물질에 보호물질을 침투시켜 모발의 기능을 회복시키는 목적으로 사용되는 제품은?

7. 두피에 있는 각질 및 노폐물을 모공에서 제거하여 청결하게 하기 위하여 사용되는 제품은?

8. 두피의 혈액순환을 촉진시켜 탈모를 예방하고 모발의 성장촉진을 강화시키기 위해 사용되는 제품은?

9. 샴푸 시 계면활성제는 모발과 오염된 표면에 흡착되는데 이것에 따라 어떤 효과가 있나?

① 마찰을 감소시키는 효과
② 더러움의 재부착을 방지하는 효과
③ 광택과 윤기를 부여하는 효과
④ 습기를 부여하는 효과

10. 세정력이 우수하여 샴푸제에 일반적으로 많이 사용되는 계면활성제는?

① 양이온성 계면활성제
② 비이온성 계면활성제
③ 음이온성 계면활성제
④ 양쪽성 계면활성제

11. 헤어린스의 기능이 아닌 것은?

① 모발을 유연하게 하고 빗질이 잘 되게 한다.
② 더러움의 재부착을 방지하는 효과
③ 모발 표면에 광택과 윤기를 부여하는 효과
④ 모발의 pH를 조절한다.

12. 린스가 갖추어야 할 성질로 맞지 않은 것은?

① 모발을 탄력 있고 부드럽게 하며, 촉촉하게 할 것
② 모발을 정돈하여 주고 빗질이 용이할 것
③ 모발의 때를 제거하고 윤기를 줄 것
④ 모발을 보호하는 작용이 있을 것

13. 헤어린스에 사용되지 않는 성분은?

① 유동파라핀　② 양이온고분자
③ 글리세린　④ 음이온성 계면활성제

14. 헤어트리트먼트의 기능 중 가장 적합한 것은?

① 두피에 부착된 노화 각질 및 피지를 제거한다.
② 모발 내부의 손상된 케라틴을 복구하여 모발의 기능을 회복시킨다.
③ 모발 표면에 광택과 윤기를 부여하는 효과
④ 비듬 및 가려움증을 완화시킨다.

15. 토닉 샴푸를 설명한 것으로 바른 것은?

① 표백용　② 소취용
③ 탈모 방지용　④ 가려움 제거, 영양공급

16. 모근부에 영양공급을 하며 모발이 자랄 수 있도록 도와 주는 기능과 더 이상의 탈모현상을 막아 주는 기능을 하는 것은?

① 발모제　② 육모제　③ 양모제　④ 향균제

17. 다음 계면활성제의 설명 중 틀린 것은?

① 음이온성 계면활성제 : 정전기 억제, 헤어린스, 헤어트리트먼트에 사용
② 음이온성 계면활성제 : 세정작용, 비누, 샴푸, 클린징폼에 사용
③ 양쪽성 계면활성제 : 저 자극 샴푸, 베이비 샴푸에 사용
④ 피부자극 순 : 양이온성 > 양쪽성 > 음이온성 > 비이온성

18. 헤어토닉의 기능이 아닌 것은?

① 육모 및 발모 촉진　② 두피촉진 및 탈모 예방
③ 건강한 모발 상태 유지　④ 두피 및 모발의 오염물질 제거

19. 양모제의 성분으로 사용되지 않는 것은?

① 각질용해제　② 두피영양제　③ 혈행촉진제　④ 고분자 실리콘

20. 모발에 유분과 광택을 부여하고 헤어스타일을 만드는 데 사용되는 제품은?

① 헤어트리트먼트　② 양모제
③ 헤어오일　④ 헤어린스

21. 점성이 있는 검이나 수지류를 에탄올로 용해하여 모발 표면에 얇은 피막을 형성시켜 사용하며 세팅성이 우수한 제품은?

① 포마드　② 헤어스프레이
③ 헤어젤　④ 세트로션

찾아보기

저자 소개

강영숙 대구보건대학교 뷰티코디네이션학부
김수진 서울전문학교 미용예술학부
나명석 광주여자대학교 미용과학과
이재호 대구공업대학교 뷰티디자인계열
황종호 계명문화대학 뷰티코디네이션학부

| 모발과학 |

발행일 2012년 1월 31일 1쇄 발행
2016년 2월 10일 2쇄 발행

저 자 강영숙 · 김수진 · 나명석 · 이재호 · 황종호

발행인 김 시 동
발행처 정 문 각
서울특별시 마포구 백범로 104번지
(지번주소 : 서울특별시 마포구 대흥동 210-1 봉화빌딩 4층)
출판등록 1990년 10월 25일 9-246호
전 화 02) 713-0421~3
팩 스 02) 704-6265
전자우편 jungmunk@unitel.co.kr
홈페이지 www.jungmunkag.co.kr

정 가 **18,000원**

ISBN 978-89-7742-494-4 93590